张　健　　李　禹

MERCIAL SPACE DESIGN AND
CTICE TRAINING

代商业空间设计与实训

北方联合出版传媒（集团）股份有限公司
辽宁美术出版社

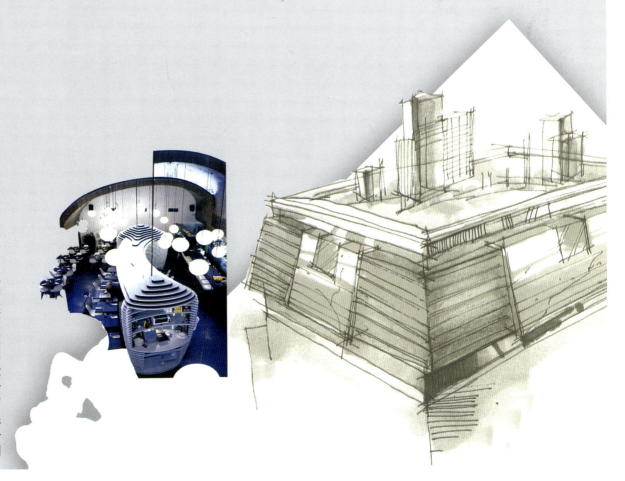

图书在版编目（CIP）数据

现代商业空间设计与实训/张健，李禹编著.
—沈阳：北方联合出版传媒（集团）股份有限公司
辽宁美术出版社，2009.8
ISBN 978-7-5314-4357-5

Ⅰ. 现… Ⅱ.①张… ②李… Ⅲ. 商业建筑－室内
设计：空间设计 Ⅳ. TU247

中国版本图书馆CIP数据核字（2009）第126043号

出版发行　　　　　　　　　　　　　　　地址　　沈阳市和平区民族北街29号　　邮编：110001
北方联合出版传媒（集团）股份有限公司　邮箱　lnmscbs@163.com
辽宁美术出版社　　　　　　　　　　　　网址　　http://www.lnpgc.com.cn
　　　　　　　　　　　　　　　　　　　电话　　024-83833008

封面设计　范文南
版式设计　彭伟哲　薛冰焰　吴 烨　高 桐

经　　销　　　　　　　　　　　印刷
全国新华书店　　　　　　　　　沈阳美程在线印刷有限公司

责任编辑　苍晓东
技术编辑　徐 杰　霍 磊
责任校对　张亚迪
版次　2009年8月第1版　2009年8月第1次印刷
开本　889mm×1194mm　1/16
印张　9
字数　120千字
书号　ISBN 978-7-5314-4357-5
定价　54.00元

图书如有印装质量问题请与出版部联系调换
出版部电话　024-23835227

序 >>

当我们把美术院校所进行的美术教育当做当代文化景观的一部分时，就不难发现，美术教育如果也能呈现或继续保持良性发展的话，则非要"约束"和"开放"并行不可。所谓约束，指的是从经典出发再造经典，而不是一味地兼收并蓄；开放，则意味着学习研究所必须具备的眼界和姿态。这看似矛盾的两面，其实一起推动着我们的美术教育向着良性和深入演化发展。这里，我们所说的美术教育其实有两个方面的含义：其一，技能的承袭和创造，这可以说是我国现有的教育体制和教学内容的主要部分；其二，则是建立在美学意义上对所谓艺术人生的把握和度量，在学习艺术的规律性技能的同时获得思维的解放，在思维解放的同时求得空前的创造力。由于众所周知的原因，我们的教育往往以前者为主，这并没有错，只是我们更需要做的一方面是将技能性课程进行系统化、当代化的转换；另一方面需要将艺术思维、设计理念等这些由"虚"而"实"体现艺术教育的精髓的东西，融入我们的日常教学和艺术体验之中。

在本套丛书实施以前，出于对美术教育和学生负责的考虑，我们做了一些调查，从中发现，那些内容简单、资料匮乏的图书与少量新颖但专业却难成系统的图书共同占据了学生的阅读视野。而且有意思的是，同一个教师在同一个专业所上的同一门课中，所选用的教材也是五花八门、良莠不齐，由于教师的教学意图难以通过书面教材得以彻底贯彻，因而直接影响到教学质量。

学生的审美和艺术观还没有成熟，再加上缺少统一的专业教材引导，上述情况就很难避免。正是在这个背景下，我们在坚持遵循中国传统基础教育与内涵和训练好扎实绘画（当然也包括设计摄影）基本功的同时，向国外先进国家学习借鉴科学的并且灵活的教学方法、教学理念以及对专业学科深入而精微的研究态度，辽宁美术出版社会同全国各院校组织专家学者和富有教学经验的精英教师联合编撰出版了《21世纪中国高职高专美术·艺术设计专业精品课程规划教材》。教材是无度当中的"度"，也是各位专家长年艺术实践和教学经验所凝聚而成的"闪光点"，从这个"点"出发，相信受益者可以到达他们想要抵达的地方。规范性、专业性、前瞻性的教材能起到指路的作用，能使使用者不浪费精力，直取所需要的艺术核心。从这个意义上说，这套教材在国内还是具有填补空白的意义。

21世纪中国高职高专美术·艺术设计专业精品课程规划教材系列丛书编委会

目录 contents

第一章　商业空间设计概述

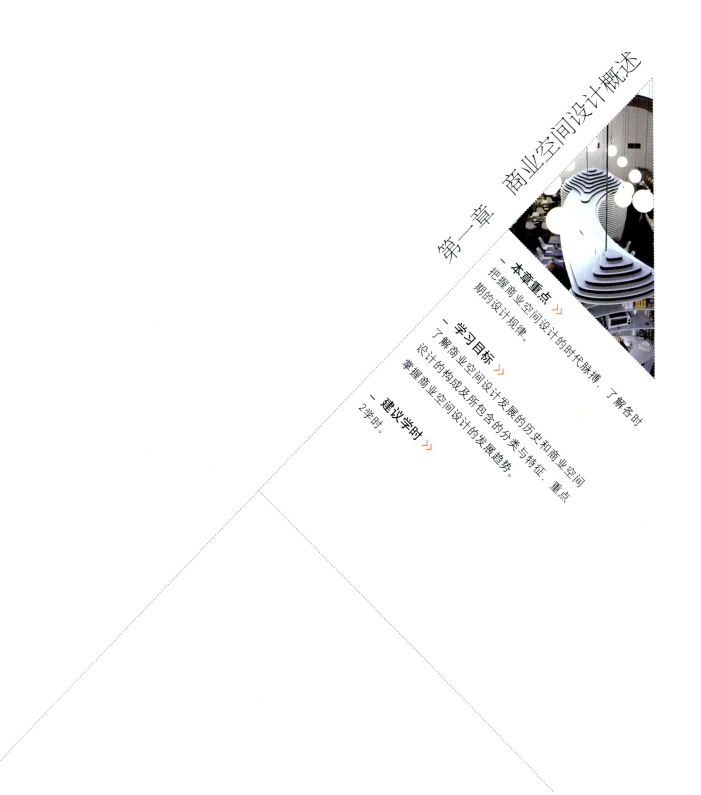

一　本章重点 》

把握商业空间设计的时代脉搏，了解各时期的设计规律。

一　学习目标 》

了解商业空间设计发展的历史和商业空间设计的构成及所包含的分类与特征，重点掌握商业空间设计的发展趋势。

一　建议学时 》

2学时。

第一章　商业空间设计概述

第一节 //// 商业空间探源

　　商业的发展推动了社会的发展和文化的交流，商业这一名词已不再陌生，现代社会中商业这一概念充斥着人们生活中的每个角落。为商业活动所需的各类空间环境设计的发展也随着时代的发展不断地发展变化。

　　在远古时代，以实物货币如牲畜、铜器、布匹和贵重装饰品作为等价交换物，取代了原始的物物交换形式。货币交换形式的出现意味着商业的诞生。

　　商业发展的进一步形式是符号货币的出现。中国最早的货币(也是世界最早的货币)是一种由天然海贝加工而成的贝类货币，出土于河南殷墟妇好墓等地，年代为公元前19世纪至公元前16世纪，距今约3500年以上。商朝的铜贝是中国最早的金属货币。商代在我国历史上也称青铜器时代，当时相当发达的青铜冶炼业促进了生产的发展和商业交易活动的增加。铜贝不仅是我国最早的金属货币，也是世界上最早的金属货币。唐代中期，当时商人外出经商带上大量铜钱有诸多不便，便先到官方开具一张凭证，上面记载着地方和钱币的数目，之后持凭证去异地提款购货。此凭证即"飞钱"。"飞钱"实质上只是一种汇兑业务，它本身不介入流通，不行使货币的职能，因此还不是真正意义上的纸币（图1-1）。北宋时期，中国出现了纸币"交子"（图1-2、图1-3）。纸币的出现是货币史上的一大进步。中国是纸币的最早发明者。符号货币的出现是商业思维形式化的标志，纸币更是促进了商业思维的发展。纸币的出现，便利了商业往来，弥补了现钱的不足，是货币史上的一大业绩。

　　欧洲最早出现的瑞典纸币虽然要晚于中国600多年，但是欧洲的商业水平要远高于中国。在古希腊的

图1-1　飞钱祖居遗址

图1-2　最早纸币北宋交子印版

图1-3　交子

岛屿上，形成了以交易和航海为主的文明形式的商业的发展，进而带动手工业的发展，形成了以工业和商业为主导的文明。受地理环境的影响，古希腊人就以善于航海而著称，被称为"海上居民"、"海上民族"。海上贸易的发展同时还进行商业殖民掠夺。希腊的经济基本上是自然经济，但已有比较发达的商品经济。雅典在公元前6世纪就成为手工业生产的主要中心。在公元前5世纪中期，雅典的海港比雷埃夫斯成为地中海贸易的中心。在公元前5世纪到4世纪，各城邦之间的货币兑换业务已有发展，货币经营和高利贷已很普遍。所以，古希腊的经济思想已很丰富，既有维护奴隶主自然经济的内容，又有对商品经济的探索。古罗马自共和国中期以后，由于不断地扩张，周围各地成了它的粮食和各种矿物原料的供应地。于是，罗马及意大利本土的经济则开始以经济作物和金属工业、各种手工业为主，围绕地中海展开了广泛的海陆贸易，罗马成为发达的商品社会。商业的发展推动了文化的交流，从而带动了社会的进步。

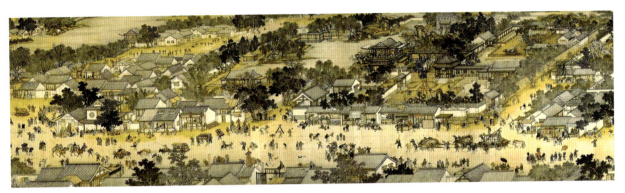

图1-4、图1-5 清明上河图，展现古代繁华都市商业市井的全景

封建庄园经济的崩溃，自然经济的解体，商业的集中和专业化，城市作为整个社会工商业中心的特点日益突出。市场区位也由早期的"市井"之地逐渐转移到了城市中来。带动了城市商业的发展（图1-4、图1-5）。

20世纪中国随着民族工商业的发展，推动社会变革。大工业生产促进了设计理念与实践的重大变革和发展。20世纪初德国包豪斯设计学院的诞生即提出"艺术与技术新统一"的设计思想。使现代设计逐步由理想主义走向现实主义，即用理性的、科学的思想来代替艺术上的自我表现和浪漫主义。对现代设计作出了巨大的贡献。20世纪20年代后的美国，经济迅速发展，借助于日趋完善的通信与运输，连锁店、超级市场的出现及经营方式影响甚广。20世纪60年代，"二战"后世界经济起飞的时代，顺应时代需求出现了购物中心、量贩店、专卖店等商业形式。商品经济的迅速发展带动着商业空间设计的开始和发展。

第二节 //// 商业空间的构成

以商品的陈列展示为主、以促进商品销售为目的的空间环境设计称为商业空间设计。是与人影响周围环境功能的能力、赋予环境视觉次序的能力以及提高人类环境质量和装饰水平的能力紧密联系在一起的。

商业空间就是为商业活动所需的各类空间环境。商业空间是人类活动空间中最复杂多变、多元化的空间类型。商业概念有广义与狭义之分。广义的商业是指所有以赢利为目的的事业；而狭义的商业是指专门从事商品交换活动的赢利性事业。为商业服务的空间环境设计也同样具有广义和狭义上的区分。广义上可理解为：所有与商业行为活动相关的空间环境的设计。狭义上可理解为：商业活动所需的空间环境设计。狭义的商业空间设计也包含了多方面的内容，随着人类社会的不断进步和市场经济的迅速发展，现代商业空间的综合功能和规模不断扩大，出现各类商业用途的空间环境设计，如宾馆酒店、餐饮店、娱乐场所、休闲空间、专卖店、博物馆、展览馆等空间均属于其范畴之内。人们不再只是满足于商业空间功能和物质上的需要，而是对其环境以及对人的精神影响提出了更高的要求，以满足发展的需要。必然形成多样化的特征。其概念也会不断延伸。

商业空间可以说是由人、物、空间三者之间的相互关系所构成的。

人与物的关系，是相互交流的，人与物、物与人，物质提供了使用功能，为人所用。人与空间的关系是相互作用的，空间提供了人的活动所需，包括物质的获得、精神的感受和信息的交流。

空间与物的关系，是相互存在的。空间提供了物的放置，物质的集合又构成了新的空间。

三者关系中，人是活动的，具有相对的主动性。空间和物是相对固定和被动的。以人的主动性审视空间与物，由于需求的不同，因而产生了多元化的商业空间环境。

经济发展导致消费模式及购物场所的转变。仅以最简单的交换模式无法满足现代商业发展的需求。城市化建设进程中，商业空间配套设施不断完善，以利于商业活动。商业交易相应的各种设施（如交通、货运、通讯）和服务性行业（如酒店、餐馆、休闲娱乐等）也随着商业发展的需求而产生。新技术、新材料不断应用于商业空间。适应发展的商业空间设计理念促进人们消费。在整体消费环境的影响下对商业空间环境的要求也在不断提升，产品的更新换代加速，商业空间环境的美化得到更多的重视，以满足需要，并促进商业的发展。

综上，现代商业空间设计的概念应该以满足商业发展需求为前提，搭建商业活动平台，创新与时代感相结合，营造满足人们商业活动的空间环境。

第三节 ///// 商业空间的分类与特征

一、商业空间的分类

商业空间环境设计，泛指为人们日常购物行为所提供商业活动的各种场所设计。商业空间的构成十分复杂，种类繁多。不同的空间特性、经营方式、功能要求、行业配置、规模大小及交通组织等，产生多种不同的建筑空间形式。从不同的角度出发，商业空间会有不同形式。

1. 购物场所主要由以下几个类别构成

（1）购物中心。

特点：功能齐全，购物、餐饮、娱乐、休闲、店中店。

（2）超级市场。

特点：商品种类多、分布合理、方便。便于人们日常生活消费。

（3）中小型自选商场。

特点：小规模经营，灵活方便，并可渗入到各类生活空间中。

（4）商业街。

特点：休闲购物娱乐为一体。注重入口空间、街道空间、店中店、游戏空间、展示空间、附属空间与设施设计。

图1-6 施华洛世奇东京银座旗舰店，采用白钢、玻璃等镜面反射材料，配以水晶装饰点缀

（5）专卖店。

特点：定位明确，针对性强，风格具有个性。有家用电器、妇女时装、金银首饰、品牌专卖等（图1-6）。

2. 赢利性服务机构

（1）酒店类：宾馆、旅店。

（2）餐饮类：饭店、快餐店、料理店、茶座。

（3）娱乐类：酒吧、迪厅、夜总会、ＫＴＶ、会所。

（4）休闲类：洗浴、美容美发、俱乐部、网吧、影院。

二、商业空间的功能性特征

1. 展示性

商业空间以商品的陈列展示为主、以促进商品销售为目的，还包括有关产品本身以及附加信息的传达（图1-7）。

图1-7 ＦＡＮＣＬ香港ｉｆｃ全新概念店，LED动态显示屏幕大面积应用是陈列展示的新兴形式，易于传达产品信息，视觉冲击力强

图1-8 东京BAPE服装专卖店设计，柔和淡雅的光色运用，给人精神上舒缓的感觉

2. 服务性

空间存在即为人的需要而提供相应服务功能，满足人们精神与物质生活的需要（图1-8）。

图1-9   图1-10

图1-11   图1-12

图1-9～图1-12 VCA专卖店设计，墙面图案纹饰及浮雕肌理造型充满情趣，色彩淡雅且有品位

3. 娱乐性

提供各类娱乐场所，以满足人们精神需求，调剂身心（图1-9～图1-12）。

4. 文化性

文化的传承与发展，展示人类文明。各类活动也均可称为文化活动（图1-13、图1-14）。

图1-13

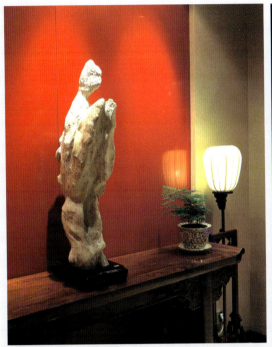

图1-14　浓郁的中式
文化气息，传承东方
文脉

5. 科技性

注重科技手段的运用和加强，展示高科技元素，增强空间环境的时代感和科技感（图1-15）。

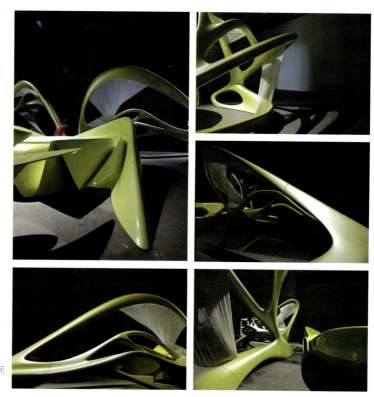

图1-15 高科技手段不断发明及应用，使空间创造更具动感与活力

第四节 ///// 商业空间设计的发展趋势

商业空间设计紧随社会的不断进步和科技的不断发展而变化延伸。商业空间设计要有时代性、创新性、前瞻性等时代赋予的使命。人们生活水平的不断提高，对人们的居住环境、商业环境、工作环境等空间设计提出了更高的要求。从物质需求到精神生活的渴求，人们给予更多的关注与需求，并使得空间设计呈现出以下几种主要的发展趋势。

一、以人为本

20世纪60年代后，人们的价值观从"物为本源"转变为"人为本源"。人们在物质文化生活得到满足的同时，思想观念也发生着巨大的变化。以人为本，注重自身生活环境的提升。在商业空间的设计中，首先要考虑人的感受，人们在特定空间中心理的感受及精神需求，做到以人为本。其次才考虑如何运用物质满足精神需求并以此改善空间环境。

1. 对空间做最有效的利用

室内空间环境的设计不仅仅是对建筑的美化，更多的是对室内空间的功能做最有效的利用。使布局更加合理，以满足人们生活需要。使空间更加完善，以改善人居环境并提升人们精神需求的渴求。在满足功能的前提下，尽可能创造舒适、优美的环境。

2. 注重人的心理需求

商业空间活动是以商业空间、传达和沟通为主要机能的交流活动，其功效的生成与人的心理因素密切相关。室内空间中不同的色彩、尺度、材质、造型等因素给人的心理传达是不同的，消费者的构成成分及需求，观众的心理状态，观众的疲劳状态等都需要进行调查研究。如不同年龄、性别、职业、民族、地域、信仰的人对同样的室内空间环境也会产生不同的心理反应和需求。人在认知客观事物对象的过程中，总会伴随着满意、厌恶、喜爱、恐惧等不同的情感，产生意愿、欲望与认同等。研究人的心理情感关联着对空间环境设计的影响。要求设计师注意运用各种理论，以使我们的设计都能符合观众的心理需求，以更好地调动消费者的能动作用，创造舒适的室内空间环境。

二、原生态

保护人类赖以生存的自然环境，维持生态平衡，合理利用、开发、使用能源，是世界性话题，全球关注的焦点。人类离开赖以生存的环境，一切也都将不复存在。正因为人们认识到生态平衡的重要性，在室内空间设计中，人们日益重视保护原生态的空间环境，包括绿色建材的选用，自然能源的合理利用；提倡重装饰轻装修；对天然采光和通风加以充分利用；为人们营造环保、健康、安全的室内空间环境（图1-16）。

图1-16 注重营造原生态的空间环境，是空间设计的重要内容，并符合人们追求、向往自然的心理诉求

图1-17 利用结构的美感增加空间的戏剧性，使空间具有动感

图1-18 利用结构的美感增加空间的戏剧性，使空间具有动感

三、高新技术的应用

密斯曾说过："当技术实现了它的真正使命，它就升华为艺术。"似乎是把技术等同于艺术了。艺术与技术并肩前行。设计师在发展中意识到了社会的发展方向，并作出了顺应历史潮流的探索。密切关注技术的发展动态，甚至是其他领域的，如航空航天、机械制造和自动控制等方面的技术发展动态，大胆尝试将最新的技术和材料结合运用到自己的设计之中，将永远是设计师应有的职责。建筑中就存在这样以高科技风格为特征的"流派"——高技派亦称"重技派"。

高技派宣扬机器美学和新技术的美感，它主要表现在三个方面：

（1）提倡采用最新的材料——高强钢、硬铝、塑料和各种化学制品来制造体量轻、用料少，能够快速与灵活装配的建筑；强调系统设计和参数设计；主张采用与表现预制装配化标准构件（图1-17～图1-19）。

（2）认为功能可变，结构不变。表现技术的合理性和空间的灵活性，既能适应多功能需要，又能达到机器美学效果。这类建筑的代表作首推巴黎蓬皮杜艺术与文化中心（图1-20、图1-21）。

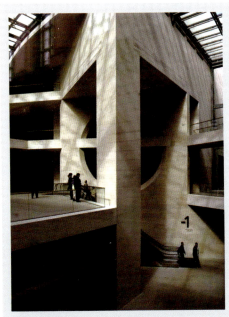

图1-20　巴黎蓬皮杜艺术与文化中心

图1-19　德国历史博物馆，钢结构，玻璃结构等技术不断应用于室内、室外空间设计中

图1-21　重复构成呈现出的结构美感强烈地刺激人的感官视觉

图1-22 技术与艺术的结合是发展的因素

图1-23 汉诺威世界博览会，技术已完美地融入进空间环境之中

图1-24

（3）强调新时代的审美观应该考虑技术的决定因素，力求使高度工业技术接近人们习惯的生活方式和传统的美学观，使人们容易接受并产生愉悦（图1-22～图1-24）。

图1-26　伊斯坦布尔Kanyon咖啡厅，结构形式美观、大方

四、多元化

建筑设计中的风格与流派一直影响着室内设计师，"现代主义"、"后现代主义"等风格左右着室内设计的风格走向，但在多元化的时代，室内设计的风格很难用固定的模式区别和统一，室内设计的使用对象不同、功能不同、环境不同和投资标准的差异等多重因素都影响着室内设计的多层次和多风格的发展。多元化的室内设计在当今社会中一个整体的趋势，代表着时代的特征，反映出当今世界室内设计的发展潮流（图1-27）。

图1-25　日本MIHO博物馆，充满结构美感的天窗龙骨，富有张力及生命力

开放与交流带来了世界经济的一体化，也带来了更多建筑新技术的应用及新设计的发展。这些以新材料、新思想、新设计为主的建筑已席卷全球，高技派以新技术在功能、形式上表现建造者的愿望见长，逐渐成为现代建筑师们的主要技法，使设计师的设计有了更广阔的发挥天地（图1-25、图1-26）。

图1-27　无明显风格符号的室内空间设计

五、民族化、本土化、世界化

"只有民族的才是世界的。"在文化多元化的今天，世界民族的多样化造就文化的不同，决定着民族间语言、行为、思想、信仰、设计的不同。

我国是一个具有悠久历史的文明古国，五千年的历史造就了多样化的民族，形成了不同的文化特征。同样，室内空间环境设计也因地域、文化、历史等因素形成不同的风格特征，应充分表现民族化的特征。只有蕴涵民族特色的优秀文化，才具有世界的意义。比如中国功夫、中国园林、中华美食等，皆已驰名世界。在进行室内空间环境设计时，应融合时代精神和历史文脉，发扬民族化、本土化的文化，用新观念、新意识、新材料、新工艺表现新中式室内空间，创造

图1-29

图1-28

图1-30

出既具有时代感又具有民族风格、地方特色的空间环境，这是时代赋予设计师的使命。

当我们强调"只有民族的才是世界的"的同时，

也应同样强调，"只有世界的才是民族的"。从古至今，任何先进民族文化的发展，都离不开同世界的交流。只有对世界优秀文化的不断汲取与再创新，才是发展本民族文化的不尽源泉。明清时期，之所以发展停滞，落后于世界民族之林，就因闭关锁国，拒绝吸纳世界优秀文化所致（图1-28～图1-35）。

图1-32 中西建筑结构及家具的融合应用

图1-31 花窗和椅子运用了传统元素现代的演绎的方法，诠释新中式的设计理念

图1-33 中式元素被现代材料演绎得淋漓尽致

图1—34

图1—35

[复习参考题]

◎ 商业空间的分类都有哪些?

◎ 商业空间的功能性特征都有哪些?

◎ 如何理解商业空间设计"民族化、本土化、世界化"的发展趋势?

[实践作业]

◎ 要求学生课后任选3～5张商业空间的图片资料,对其功能性特征及发展趋势进行分析说明。

第二章 商业空间的设计基础

本章重点 》

掌握建筑设计中的基础知识，提高商业空间的审美意识，了解一般消费者的审美心理。

学习目标 》

本章主要讲解商业空间设计中的一些建筑设计的相关知识，并对空间与消费心理及建筑设计与室内空间设计进行了深入分析与讲解。

建议学时 》

2学时。

第二章 商业空间的设计基础

第一节 ///// 商业空间设计的基础内容

学习室内设计不能不先掌握一些建筑设计的相关知识，建筑与室内是一个完整过程的不同层面，建筑设计的目的和室内设计的目的是一致的，就是创造人们生活工作所需要的空间环境，当然，建筑设计涵盖的空间既有建筑内部的，也有建筑外部的，如广场、街道乃至城市设计等。室内设计则专注于在最近人的尺度上完成建筑的最终阶段。可以说，一栋建筑是否成功，只有室内设计得到了人们的认可，才能说具备了成功的基本条件。

学习室内设计专业的学生，不可能全面学习建筑学专业的相关知识，建筑学所涉猎的学科内容远超出室内设计专业学科范畴，如建筑结构、建筑构造、建筑材料等。因为室内设计专业有很多建筑学方面相关知识的铺垫，又不得不涉及建筑学相关的知识内容，只有这样才能真正理解和把握好商业空间环境的设计，灵活地运用建筑的功能发挥创意设计。所以，更多地了解建筑学方面的知识，将会对室内空间设计课程带来更多益处，在此简要介绍。

建筑物一般分类为民用建筑、工业建筑、农业建筑。涉及室内装饰设计的大多为民用建筑。民用建筑按照使用功能、修建数量、规模大小、层数多少、耐火等级、使用年限等不同的分类方法，不同种类的建筑又有不同的构造特点和要求。

一、按民用建筑的使用功能分类

（1）居住建筑，如住宅建筑、别墅建筑、公寓建筑、宿舍建筑等。

（2）公共建筑，如商业建筑、办公建筑、文教建筑、医疗建筑、观演建筑、体育建筑、展览建筑、交通建筑、通信建筑、托幼建筑、园林建筑、纪念性建筑等。

二、按建筑的修建数量及规模分类

（1）大量性建筑：指量大面广的建筑，与人们生活密切相关的建筑。如商店、饮食、娱乐、住宅、学校、医院等，这些建筑在大中小城市和乡镇都是不可少的，修建量大，称为大量性建筑。

（2）大型性建筑：指规模宏大的建筑，如大型商业街、购物中心、酒店、办公楼、体育馆、影剧院、火车站、航空港及展览馆等。这些建筑规模大、耗资大，与大量性建筑比起来，其修建量是有限的，但这类建筑对城市面貌影响较大。

三、按建筑的层数分类

（1）低层建筑：一般指1～3层的建筑。

（2）多层建筑：一般指高度在24m以下、三层以上的建筑。在住宅建筑中，又将7～9层界定为中高层住宅建筑。七层以及七层以上的住宅或住户入口层楼面距室外设计地面的高度超过16m以上的住宅必须设置电梯。

（3）高层建筑：世界上对高层建筑的界定，每个国家各有不同。按我国现行的《高层民用建筑设计防火规范》的规定，十层及十层以上的居住建筑和建筑高度超过24m的其他非单层民用建筑均为高层建筑。高层建筑根据其使用性质、火灾危险性、疏散和扑救难度等，又分为一类高层建筑、二类高层建筑和超高层建筑。

四、按民用建筑的耐火等级分类

现行的《建筑设计防火规范》是根据建筑物的耐

火极限和燃烧性能两个因素来确定的。一级耐火性能的建筑通常按一、二级耐火等级设计；大量性的或一般的建筑按二、三级耐火等级设计；很次要的或临时建筑按四级耐火等级设计。

建筑的耐火等级程度，根据我国现行规范规定，耐火等级标准主要根据房屋的主体构件，如墙体、梁柱、楼板、屋顶等的燃烧性能和它的耐火极限来确定。耐火极限是指按规定的火灾升温曲线，对建筑构件进行耐火试验，从受到火的作用起，到失去承受能力或发生穿透裂缝或背火一面温度升到220℃时止，这段时间成为耐火极限，用每小时表示耐火等级标准。

五、按建筑的耐久年限分类

（1）一级建筑：耐久年限为100年以上，适用于重要的建筑和高层建筑。

（2）二级建筑：耐久年限为50～100年，适用于一般性建筑。

（3）三级建筑：耐久年限为25～50年，适用于次要的建筑。

（4）四级建筑：耐久年限为15年以下，适用于临时性建筑。

建筑物使用年限分类即质量等级标准，是建筑物设计的首要因素，在进行建筑内部室内装修设计的时候，不同的建筑等级采用不同的标准，选择相应的材料、构造与结构类型。

六、按建筑物的结构分类

建筑结构是指建筑物承重结构类型，一般分为砖混结构、框架结构、轻钢结构三大类型。目前城市建设中建筑设计大多为框架结构，轻钢结构建筑近年来也逐渐多起来了。砖混结构多为住宅，框架结构和钢结构多为公共商业建筑。

（1）砖混结构：建筑承重结构构件墙、柱为砖砌筑而成的建筑。楼板层面多采用混凝土现浇，建筑墙及转角处多加设构造柱，并大多为7层以下的楼房，此类建筑称为低层或多层（6层以下）建筑。

（2）框架结构：建筑物承重结构以钢筋混凝土现浇而成的建筑。梁柱、楼板、层面板也是钢筋混凝土现浇，墙体大多为填充墙（加气混凝墙、多空砖墙及轻体材料），并每隔5米左右增加有构造柱。此类建筑多为小高层建筑（7层以上）和高层建筑。

（3）轻钢结构：建筑物承重结构以大型型钢（工字钢、槽钢、异型钢）为梁柱、楼板的建筑。钢材表面必须涂有防火涂料，与屋面板连接而成，楼面板另铺设现浇混凝土薄板，墙体、屋面多用轻体保温隔热彩钢板。此类建筑多以施工快捷为特点，有时也可与框架结构合用两种结构形式，如建筑主体塔楼为框架结构，而裙房则为轻钢结构。

以上知识点，均为我们应该掌握的建筑物空间的基本知识，它对于我们进行综合、整体的商业建筑空间设计有很大的帮助。

第二节 ////// 商业空间设计的相关知识

一、空间与消费心理

人是空间的主体，人在不同环境中会有不同的心理反应，消费行为的心理过程，是设计者必然要了解的基本内容。人的消费心理可分为三个阶段：认知—情感—意志。

认知：通过认识商品、了解服务，促使人们进行消费，这一过程是前提。商业空间的装饰、产品的陈列、商品的包装等，对消费者消费起到重要作用。

在这一过程中，商品本身和空间环境起到诱导作用。如美观、舒适的空间装饰、以人为本的服务、别致的橱窗展示、商品的陈列等，都应使消费者感到身心愉悦，产生消费的欲望。

情感：在认知的基础上，消费者经过一系列的比较、分析、思考，直到做出判断的心理过程。

意志：通过认知和情感的心理过程，使消费者有了明确的购买目的，最终实现购买的心理决定过程（图2-1）。

图2-1 舒适的空间环境及轻松活泼的色彩给人惬意的享受

我们在空间设计过程中，应该按照人的行为特征、心理特点，根据人的需求、行为规律、心理反应和变化等因素来进行空间的构思、设计、创造出人性化的商业空间。现代商业空间设计应充分体现以下设计意识和心理特点。

1．领域意识

人出于本能，都存在领域意识和心理空间，在进行商业空间设计时，对于空间的内部分隔、家具布置、陈设摆放等都应考虑人的领域意识方面的因素。

2．安全意识

在公共活动场所，人们都有潜意识的防卫心理。

如人们都愿意坐靠墙的沙发休息或等候，层高过矮的空间给人以压抑感，使人们不愿意久留。

3．私密性

人们在公共活动场所都有不同的私密要求。如餐饮空间在大门入口处常设置有屏风，以免对大厅一览无余。一般情况下，人们就餐时，大厅与包房比较，人们都喜欢在包房就餐，即使是在大厅就餐，也尽量选择靠墙和尽端的餐桌就餐。在酒吧，人们通常喜欢坐在灯光较暗的地方。

4．从众意识

人是有从众心理倾向的，在进行商业空间设计时，应特别考虑人的从众心理，组织并设计好交通流线、消防通道标志等。

5．喜新心理

人一般都有喜新、好奇的心理，这就要求我们在进行商业空间设计时，应有创新意识，有自己的风格和特点。即便是设计同样大小的餐厅包房、卡拉OK包房、桑拿按摩房等空间时，也可以在造型、风格材质等方面加以区别，使客人每次光顾都能产生不一样的感受（图2-2）。

图2-2 特殊符号的传达给人以强烈的视觉冲击力，特色鲜明

二、建筑设计与室内空间设计

室内空间设计的作用首先是改善空间环境，满足室内空间的功能要求；其次是保护结构，使建筑物的各部分构件的寿命得以延长，装饰和美化建筑，充分表现商业建筑所表现的美学特征。在掌握商业空间设计基本理论和方法的同时，还须在室内空间设计实践中，进一步锻炼自己的实际运用能力及各方面知识的整合能力。

1. 建筑设计知识

建筑设计与室内设计同样是技术的也是艺术的。尊重和了解建筑设计，对其功能要求、空间布局、创意风格应充分掌握。应增强建筑施工图的视图能力、审视材料及构造的深化可实施能力，认识建筑设计的主要材料、结构形式、设备情况等，对建筑类型等级及防火消防规范等作深入的研究。

2. 施工材料与管理

应尽可能地多了解施工工艺、材料及设备用具。平时多看、多积累相关工艺制作方法、流程及管理。多看正在施工中的现场，对隐蔽工程的做法与施工程序有所了解。材料发展日新月异，要多积累相关工艺及材料信息知识，平时多去材料市场、施工现场、企业单位、材料生产厂家等，从中了解其用途、工艺等方面的信息。学会使用材料、利用材料，将新材料与设计带入自己的设计中。

3. 装修造价预算

装修工程预算主要指装修装饰工程消耗的人力、物力、财力的价值数量。主要由直接费、管理费、税金等费用组成。在装饰设计过程中，要符合建设单位、投资方的预算开支和承受能力，合理的设计、选择，才能控制好装修工程造价。如超出预算，可追加预算，最终决算出工程整体造价。

[复习参考题]
◎ 按建筑的层数分类都有哪些？
◎ 按建筑的耐久年限分类都有哪些级别？

第三章　商业空间设计的要求和程序

本章重点

基本掌握商业空间设计的一般要求和规律，完全把握商业空间设计的基本程序。

学习目标

掌握商业空间设计的设计要求，并深入理解商业空间的设计要求的重要性，及商业空间设计的程序。

建议学时

2学时。

第三章 商业空间设计的要求和程序

第一节 //// 商业空间的设计要求

伴随着人们收入的增长和生活质量的提高，时代科技的进步，人们对商业空间的设计提出了更高的要求，新的生活方式默默影响着人们对商业空间环境的固有观念。现代商业空间设计应依据购物环境、顾客需求的变化而不断发展。设计师应主动适应市场的发展和进步。

设计师在商业空间发展变化的设计中，应遵循各方面功能要求。

一、注重空间功能性要求

要求商业空间内部至外部、装饰装修、陈设家具、景观绿化等各方面最大限度地满足功能需求，并使其与功能性相协调统一，功能性应是设计师在设计中放在第一位考虑的。

二、注重经济性设计要求

简要来说，就是用最低的能耗达到最佳的设计效果。设计作品中考虑更多的应是减少能耗，物尽其用。尽量利用当地气候和通风条件，减少空调能耗；和建筑师共同探讨采光模式，减低照明能耗；在节能方面更多地考虑耐用性和可靠性，降低维护成本等。以期通过这些方案让空间作品的生命力得以延长，并尽可能为环保作出贡献。

三、注重美观性设计要求

对美的追求是人的天性，美的概念又是随时空变化的。在商业空间的设计中，一方面要突出商业空间设计的特点。另一方面要强调设计在文化和社会方面的使命及责任，设计师要把握好两者之间的平衡点。

四、注重个性化设计要求

不同时期文化品位和地域特色都是商业空间环境设计以及所有设计范畴永恒的主题。商业空间环境设计也应以此为目标，并要具有独特的个性风格，才可保持设计的永久性和持续性。注重文化品位是传承和延续商业环境的基础，地域特色也是影响和造就经典设计的重要因素，设计中应予以强化。缺少个性化的商业空间设计是没有生命力和艺术感染力的。在设计初始阶段，从构思开始到深化设计的过程中，奇妙的构思和大胆的创新，才会赋予商业空间设计以勃勃生机。现代商业空间环境设计是以增强商业空间环境的购物与心理需求的设计为最高目的，在现有的物质条件下，在满足实用功能的同时，实现并创作出巨大的精神价值。

五、注重可持续发展要求

可持续发展是当今城市发展的主题，任何时期的经典设计和优秀的商业空间环境的塑造无一不遵循这一规律，并且是渐进式发展的。创造一个符合现代城市发展理念的商业空间环境是人们所期望的。在商业空间环境设计中反对急功近利的开发和建设，在可持续发展理念下进行我们的设计，在注重经济性设计的同时，关注可持续发展。在设计中尽量使用天然材料，减少二次加工污染等。以期造福我们赖以生存的空间环境。

第二节 ///// 商业空间的设计程序

一、设计前期

设计前期主要包括以下几个环节：接受任务书（业主委托设计或招标办领取）、与业主交流、了解投资情况、现场勘察、市场调研、收集整理与分析设计资料、编写可行性分析报告等内容。

所谓："知己知彼，百战不殆"，在设计前期，首先一个重要的工作就是了解和调研同类商业空间项目的设计风格、空间布局、经营状况等信息，以便我们在设计中能扬长避短，突显自己的特色。其次通过了解市场的需求、受众的购物及消费心态等内容，把握设计的主旨，并明确设计的目的和任务，明确需要做什么之后，进而明白应做什么和怎样去做，如此才能胸有成竹，才能拿出优秀的设计方案。第三要认真勘察现场和综合研究资料及法律法规等，避免设计与国家规范有所冲突，为今后的报建工作打好前期基础。

二、方案设计

通过设计前期对项目的深入研究和准备工作，在把各种要求、条件及制约因素等分析和整理后，设计的定位已基本明确。开始进入商业空间设计的创作过程，将具体的内容和形式落实到具体的空间中。

（一）草图设计

草图设计是一种综合性的作业过程，也是把设计构思变为设计成果的第一步。设计师根据先前获悉的各种相关资料，结合专业知识、经验，从中获取灵感，并通过创造性的思维形式对空间组织的构思、色彩设计的比较、装饰造型的细节推敲，都可以通过草图的形式进行。草图的绘制过程实际上是设计师思考的过程，也是设计师从抽象的思考进入到具体的图式的过程。

灵感一现的瞬间过程通过草图记录下一个好的构思或创意，并通过深入思考以草图形式加以深化、完善。草图过程即辅助思考的过程（图3-1、图3-2）。

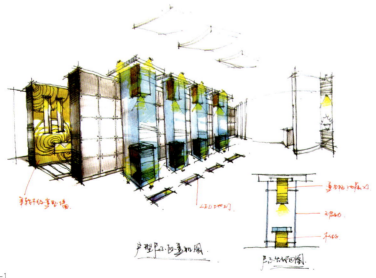

图3-1

图3-2

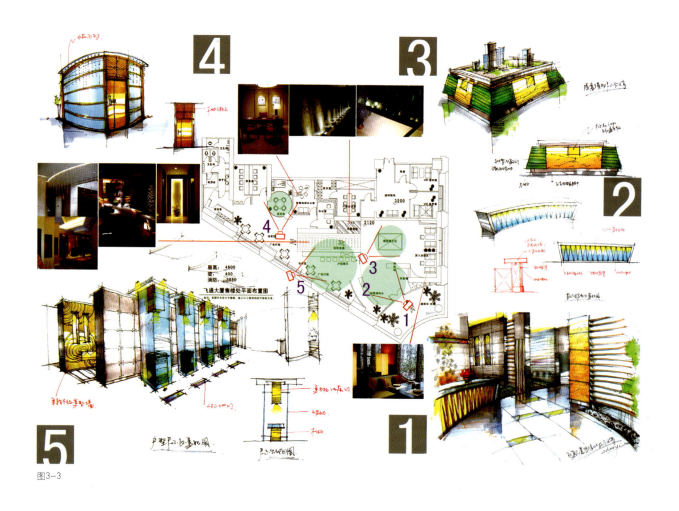

图3—3

（二）方案设计

方案设计阶段，是草图的进一步具体化和准确化并进行深入设计的过程。对筛选的设计草图进行设计的深入开发。在这个阶段中，与委托方的沟通是必须的。设计师应当通过各种方式，完整地向委托方表达出自己的设计构思与意图，并征得对方的认可。如果在设计构思上与委托方存在分歧，则应力求达成共识，因为任何一个成功的设计，都是被双方认可才有可能成为现实的。

1．意向图

通过一些与创意要求相似的参考图片，作为前期的方案书。说明方案构思成果，并向委托方传达设计的概念及表现成果。以期与委托方沟通过程中，给委托方以直观的认识，并深入理解方案设计的意图及创意点，便于设计师与委托方沟通方案设计意图（图3—3）。

2．设计模型

设计模型是依照设计物的形状和结构，按照比例制成的样品；是对设计物造型的实态检验。通过模型来分析设计物在功能上、结构上和使用上的合理性，容易获得较准确的更直观的表现效果。设计师必须具备制作模型的知识和技巧，以便自己动手或指导制作模型，并在制作中及时发现问题，通过修改获得满意的设计效果。

模型的种类：

模型一般分为粗模型、外观模型、透明模型、剖面模型、测试模型及精细模型六类。

3．设计方案

设计方案图一般包括设计说明、目录、平面图、天花图、主要立面图、透视效果图、造价概算。方案设计图不能完全作为施工的依据，其作用只是便于明确地表达出所设计的商业空间的初步设计方案（图3-4～图3-15）。

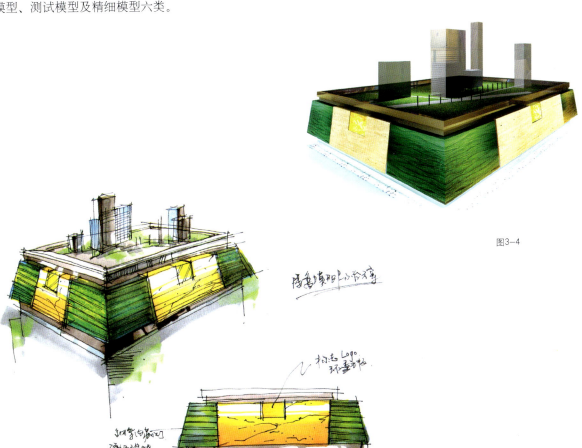

图3-4

图3-5

图3-6　楼盘模型展示台设计方案

图3-7 样板间效果表现图

图3-9 火锅店效果表现图

图3-8 样板间效果表现图

图3-10 大堂、电梯间效果表现图

图3-13 大堂、电梯间效果表现图

图3-11 会客区、包间效果表现图

图3-14 包间效果表现图

图3-12 专卖店效果表现图

图3-15 专卖店效果表现图

三、施工图设计

草图设计是构思阶段，方案设计是表现阶段，施工图设计是对所设计内容的标准、规范阶段。再好的构思，再美的表现都离不开标准和规范。

室内设计的施工图是室内设计实施阶段的技术性图纸。它要求以符合国家规范的方法绘制出室内设计各个部位构造的图纸。也是设计师用技术的方法向施工者表达设计意图、规定制作方案的技术文件。

施工图最主要的是局部详图的绘制。局部详图是平面、立面或剖面图任何一部分的放大，主要用来表达平面、立面和剖面图中无法充分表达的细节部分，包括节点图和大样图，一般用较大的比例尺寸绘制。

四、设计施工

进入施工阶段，是实施设计的重要环节。为了使设计的意图更好地贯彻实施于设计的全过程中，在施工前，设计师要做好设计交底工作，明确解释设计说明及图纸的技术要点；在实际施工阶段中，要经常到现场指导施工及按照设计图纸进行审验，并根据现场实际情况进行设计的局部修改和补充；协助施工方选材；施工结束后，配合质检部门和投资方进行工程验收。

[复习参考题]
◎ 商业空间设计都有哪些设计要求?
◎ 商业空间设计的程序分为哪几个步骤?

第四章 商业空间光环境设计

本章重点

把握商业空间照明的基本规律，并合理地将这一基本规律应用于设计中。

学习目标

理解商业空间照明的作用及光健康的概念，了解商业空间照明的分类以及在商业空间设计中的应用，重点掌握商业空间照明的形式及商业空间光环境设计的发展趋势。

建议学时

2学时。

第四章　商业空间光环境设计

一、商业空间照明的作用

照明在商业空间环境中必不可少，它不仅可创造出多彩的商业空间环境，同时也可显示出商业空间的特点。商业空间环境照明设计的任务，在于借助光的性质和特点，使用不同的方式，在商业空间环境这个特有的空间中，满足商业空间所需的照明功能，有意识地创造环境气氛和意境，增加环境的艺术性，使环境更符合人们的心理和生理需求。光可以构成空间、改变空间、美化空间，但光的功能处理不好也能破坏空间。商业空间设计照明处理的好坏，直接影响商业空间设计的效果，对人的购物心理和情感起着积极或消极的作用，所以对采光和照明应予以充分的重视。现代设计中也逐步将灯光设计作为专门的学科进行研究，并出现了专业的灯光设计师，配合空间设计师共同完成设计方案（图4-1）。

二、商业空间设计照明的分类

商业照明一般可分为自然采光和人工照明两种。

1. 自然采光

自然光源是以太阳为光源所形成的光环境。利用自然采光通过各种采光结构可创造出光影交织、似透非透、虚实对比、投影变化的环境效果。但自然光因其光色较固定，无法满足商业环境照明的较高要求。另外自然光线的移动变化常影响物体的视觉效果，难以维持恒常的光照质量标准，因此，对于商业空间照明来说，一般很少完全以自然光为主要依据来考虑商业空间的照明视觉效果。

图4-1　上海金茂凯悦室内光环境设计

2．人工照明

在商业环境照明中较多使用人工照明。人工照明可以随需而取，创造特有的环境气氛。巧妙、有效地综合利用自然采光和人工照明以及各种照明方式和艺术表现手法，可有力地构筑空间的视觉效果，如渲染空间层次、改善空间比例、限定空间路线、增加空间层次、明确空间向导、强调空间中心等。

现代商业空间环境的照明设计与心理学、工程技术学、艺术学等也有密切的关系。现代商业环境照明设计应以与商业相适应的合理照明标准，使用节能的照明设备，采取科学与艺术融为一体的先进设计方法，进行整体性的照明设计（图4-2～图4-4）。

图4-2　丰富的照明设计手段，营造富于变化与想象力的空间环境

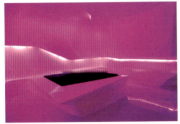

图4-3 个性的照明设计使空间呈现出独特的空间环境氛围

图4-4 自然采光与人工照明的对比

第二节 ////// 商业空间照明设计的表现方式

一、灯具的照明形式

1. 直接照明

光线通过灯具射出，其中90%以上的光通量达到假定的工作面上的照明形式，称为直接照明。直接照明可使光大部分作用于作业面上，因此光的利用率较高，会起到引人注意的作用。其特点为易产生眩光，照明区与非照明区亮度对比强烈（图4-5）。

图4-5 直接光照突出主题，烘托展品

2．间接照明

通过反射光进行照明，如天花灯槽将全部光线射向顶棚，并经天花反射到工作面上，称为间接照明。间接照明光线柔和，无眩光；但光能消耗大，照度低，通常与其他照明方式配合使用（图4-6～图4-9）。

图4-6　利用光带的灯光投射在展品上呈现柔和的空间环境

图4-7　专卖店通常采用多样的照明形式搭配结合

图4-8　光与色搭配烘托展品

图4-9　富有动感的灯带形式增加空间的活力

3．半直接照明

半直接照明除了保证工作面照度外，非工作面也能得到适当的光照，使室内空间光线柔和、明暗对比不太强烈，并能扩大空间感（图4-10）。

图4-10　专卖店采用灯光烘托气氛，营造轻松、明亮的购物环境

4．半间接照明

此照明形式使大部分光线照射到天花上或墙的上部，使天花非常明亮均匀，没有明显的阴影，但在反射过程中，光通量损失较大。这种照明方式没有强烈的明暗对比，光线稳定柔和，能产生较高的空间感（图4-11）。

图4-11　利用灯带的造型使空间更具层次感、空间感

5. 漫射型照明

此照明形式能使光通量均匀地向四面八方漫射，光线柔和没有眩光，适宜于各类商业空间场所（图4-12）。

图4-12　商业空间常采用吊灯、吸顶灯等照明器具泛照整个空间，以烘托整体空间氛围，并通过造型灯具装饰点缀空间效果

二、灯具的照明方式

以灯具的布局形式和功用来分类，可分为如下几种形式：

1. 整体照明

指整个商业空间的平均照明，也叫普通照明或一般照明。通常采用漫射型照明或间接型照明。它的特点是没有明显的阴影，光线较均匀，空间明亮，不突出重点，易于保持商业空间的整体性（图4-13、图4-14）。

2. 局部照明

只为满足某些空间区域或部位的特殊需要而设置的照明方式被称为局部照明。整体照明是整个商业空间的基本照明，而局部照明更有明确的目的性（图4-15）。

图4-13　运用整体的色彩及灯光效果制造整体的空间氛围，明亮且舒适

图4-14　造型灯具与灯光相结合，营造空间氛围

图4-15　卫生间水具上方通常采用局部照明，以方便使用

3. 重点照明

强调特定的目标和空间采用的高亮度的定向照明方式被称为重点照明。重点照明在商业空间照明设计中是常用的一种照明方式。它的特点是可以按需要突出某一主体或局部，并按需要对光源的色彩、强弱、照射面的大小进行合理调配（图4-16）。

图4-16 配饰、软装等区域可采用重点照明

4. 装饰照明

是以色光营造一种带有装饰味的气氛或戏剧性的空间效果，用灯光作为装饰的手段，又称气氛照明。它的特点是增强空间的变化和层次感，制造特殊氛围，使商业空间环境更具艺术氛围（图4-17）。

图4-17 通过光与色的变化整合，调配空间需要，营造丰富的空间氛围

三、灯光的表现方式

（1）点光——聚光。

（2）带光——光带。

（3）面光——发光面。

（4）其他——静止与流动——追光灯、霓虹灯、激光等（图4-18）。

图4-18 日式料理店、咖啡馆等空间常运用重点照明、装饰照明来渲染空间环境，空间中灯光的表现方式也呈现出多样性并穿插运用，调配空间氛围

第三节 //// 灯具类型及运用

灯具的类型有很多，按灯具的配置方式分类，可以分为天花灯具、壁灯、台灯、地灯等类型。

一、天花灯具

1．悬吊

包括：吊灯、花灯、宫灯、伸缩性吊灯。主要用于室内的一般照明，并起到装饰性的作用，因此，选择不同的造型风格、大小、质地等吊灯，都会影响整个空间环境的艺术氛围，体现不同的档次（图4-19）。

图4-19

2．吸顶

包括：凸出型、嵌入型灯具。凸出型灯具如吸顶灯，吸顶灯是将照明灯具直接吸附、固定在天花上的灯具。吸顶灯与吊灯的区别在于，吊灯多用于较高的空间之中，吸顶灯多用于较低的空间之中。嵌入型灯具安装时，是将灯身嵌入天花内部，是一种隐藏式灯具，如射灯、筒灯、格栅灯等。嵌入式灯具应用于多

种照明方式，并不会破坏天花吊顶的效果，能够保持建筑装饰的整体与统一。

3．发光顶棚

吊顶全部或局部采用透光材料做造型，内部均匀布置日光灯光源的发光顶，称为发光顶棚。

透光材料一般选用磨砂玻璃、喷漆玻璃、亚克力板等，巴力天花是一种新型的此类材料，已被大量应用于室内外装饰设计中。

发光顶棚同样的构造形式也可用于墙面和地面，形成发光墙面和发光地面。不同的是，发光地面要求材料更具坚固性，如用钢结构做骨架，并使用钢化玻璃做透光材料。

4．发光灯槽

发光灯槽通常利用建筑结构或室内装修结构对光源进行遮挡，使光投向上方或侧方。其照明多作为装饰或辅助光源，可以增加空间层次，是虚拟空间设计的一种设计手法，起到引导作用。

二、壁灯

壁灯分悬挑式和附墙式两种，多安装于墙面或柱子上。壁灯除了辅助照明作用外，还起到装饰作用，与其他灯具配合使用，丰富光照效果，增加空间层次感（图4-20）。

图4-20

三、台灯和落地灯

以某种支撑物来支撑光源，一般放在茶几、桌案等台面上的灯具叫台灯。放在地面上的称为落地灯。台灯和落地灯既有功能性照明作用，也有装饰性和气氛性照明的作用（图4-21～图4-26）。

图4-24

图4-21

图4-25

图4-22

图4-23

图4-26

图4-27

四、特殊灯具

如追光灯、旋转灯、光束灯、流星灯等（图4-27）。

第四节 ///// 光环境设计

一、商业外部空间光环境设计

橱窗的灯光设计必须要达到引人注目的效果，在创作方式上应注意两点：

一要注重艺术效果与文化品位；二要突出重点——商品，而不是灯光，切勿喧宾夺主（图4-28、图4-29）。

图4-29

图4-28、图4-29 橱窗灯光设计常采用重点照明以突出展品并引人注目

图4-28

二、商业入口的光环境设计

商业入口的灯光应强调识别性，明显易辨。烘托商业的热烈气氛（图4-30～图4-39）。

图4-32 突出重点的光照形式可以围合出典雅的环境氛围

图4-33 入口、玄关处常采用明亮的照明以起到醒目的作用

图4-30 门头照明常采用分层次的灯光照明形式，使空间更具细节及冲击力

图4-34 大堂区常采用多样的照明手段以增加层次感、空间感

图4-35 重点照明使空间更具吸引力

图4-36 光带的运用具有一定的导引作用

图4-37 大堂区装饰照明使得空间更有气势

图4-31 醒目的光色搭配，使空间更具活力及张力

图4-38 光与色的搭配使空间更具视觉冲击力、凸显产品

图4-39 公共区域照明常采用气势氛围的重点照明和装饰照明

三、营业空间的光环境

绝大部分的商业空间主要依赖人工照明，创造优雅舒适的光环境是留住顾客的重要手段之一（图4-40）。

图4-40 光色与造型的搭配使空间更具戏剧性，丰富也动感十足

第五节 ///// 光健康

一、光健康的概念

光健康概念即健康+照明=光健康。光健康概念包含两个层面：

（1）满足使用场所的功能性要求，灯亮不亮、美不美观。

（2）满足心理要求，色温、照度对人情绪的影响，如何增添气氛。

二、五个标准识别健康光

选择灯光的质量比选择灯具的造型更重要。符合光健康标准的才是"健康光"。健康光有以下五个特征：

（1）光线品质高——光线品质差，频闪情况就严重。

（2）照度值适宜——照度值是指光线的照明强度。照度太暗，容易导致近视；太亮，会损害视网膜，还会产生眩光。

（3）正确还原物体颜色——光源对物体的显色能力称为显色性，光源的显色性也相当重要。显色性高的光源对颜色的表现较好，所看到的颜色也就较接近自然原色。《建筑照明设计标准》规定，在居室和办公场所，要求灯光的显色性在80Ra（太阳光的显色性为100Ra）。

（4）色温、色彩应符合美学要求——照明设计中对光色、介质颜色、灯具色彩、背景色彩、空间色彩的考虑都应符合美学要求，符合人的审美习惯。

（5）明与暗的合理搭配——光与影的组合可以创造一种舒适、优美的光照环境（图4-41）。

图4-41 居室空间照明多采用柔和、多样的照明形式搭配使用，使空间更具层次

图4-42 用灯光烘托主题，使其焕发青春活力，体现整体性、统一性

三、如何评价光环境的优劣？

照明是科学，也是艺术。光环境设计的优劣应该从技术和艺术两个方面综合评价。

德国Heinrich Kramer博士（CIE"照明与建筑"技术委员会主席）提出八条指导方针：

（1）灯光应给人以方向感，并能得以界定清楚他们在时空中的位置。

（2）灯光应该是室内和建筑不可分割的一部分，即在开始时就包含在规划方案里，而不是最后加进去的。

（3）灯光应该支持建筑设计和室内设计的设计意图，而不能使其游离出来。

（4）灯光应该在一个场所内营造出一种状态和一种气氛，能够满足人们的需要和期望。

（5）灯光应该满足并促进人际交流。

（6）灯光应该有意义并传达一种信息。

（7）表现灯光的基本形式应该是独创性的。

（8）灯光应该能够使我们看见并识别我们的环境。

此外，我认为从技术层面上还应该补充两点：

（1）经济的合理性。

（2）是否环保、节能（图4-42）。

第六节 //// 商业空间光环境设计的发展趋势

（1）光环境设计将成为建筑工程中不可缺少的独立的设计过程。

（2）光环境设计逐渐向个性化、艺术化发展。

（3）光环境的设计将更注重环保和节能。

（4）自然光的利用将会越来越受到重视。

（5）科技的日新月异为光环境的设计提供更多更好的选择。

如果说光环境设计是一门艺术，那么它与其他艺术形式最大的不同，就在于它受到技术发展的约束，所有的光环境设计都离不开照明技术的支持。

[复习参考题]

◎ 商业空间灯具的照明形式都有哪些？

◎ 商业空间灯具的照明方式都有哪些？

◎ 光健康概念包括哪两个层面？

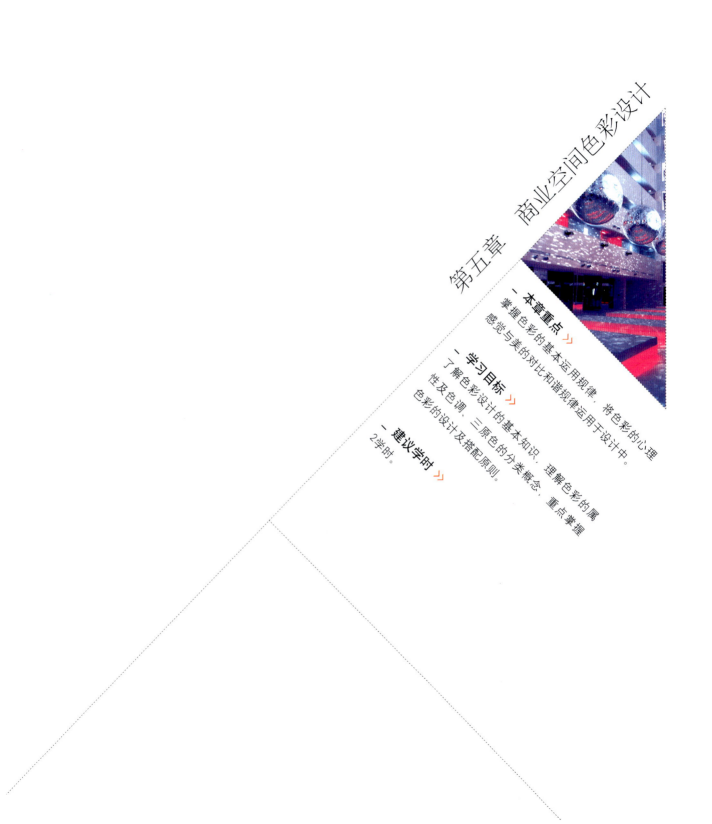

第五章　商业空间色彩设计

本章重点 》
掌握色彩的基本运用规律，将色彩的心理感觉与美的对比和谐规律运用于设计中。

学习目标 》
了解色彩设计的基本知识，理解色彩的属性及色调、三原色的分类概念，重点掌握色彩的设计及搭配原则。

建议学时 》
2学时。

第五章　商业空间色彩设计

色彩是商业空间设计中视觉传达的重要因素，它对于渲染商业空间的主题、烘托商业空间环境氛围、体现商品在空间环境的表现力都起到非常重要的作用。

第一节 //// 商业空间色彩设计的基本知识

历经几个世纪的努力、几代物理学家毕生的研究，人们终于认识到色彩是太阳向宇宙发射的光，是波长在380mm～750mm间的电磁波。光便是一切物体颜色的唯一来源。光和色不能分离，光是色和形之母；色和形是光之子。

一、色彩的本质

色彩是通过光反射到人的眼中而产生的视觉感，我们可以区分的色彩有数百万之多。黑、白、灰被称为无彩色。除无彩色以外的一切色，如红、黄、蓝等有色彩的色被称为有彩色。

二、色的三属性

对色彩的性质进行系统的分类，可分为色相、明度及彩度三类。

色相：简写H，表示色的特质，是区别色彩的必要名称，例如红、橙、黄、绿、青、蓝、紫等。色相和色彩的强弱及明暗没有关系，只是纯粹表示色彩相貌的差异。色相是有彩色才具有的属性，因此无彩色没有色相。光谱的色顺序按环状排列即叫色相环。

明度：简写V，表示色彩的强度，也即是色光的明暗度。不同的颜色反射的光量强弱不一，因而会产生不同程度的明暗。明度最高的色是白色，最低的色是黑色。

图5-1　运用明快的颜色营造现代且充满氛围的空间环境

彩度：简写C，表示色的纯度，亦即是色的饱和度。具体来说，是表明一种颜色中是否含有白或黑的成分。假如某色不含有白或黑的成分，便是"纯色"，彩度最高；如含有越多白或黑的成分，它的彩度亦会逐步下降（图5-1）。

三、色调

在室内环境中，通过色彩之色相、纯度、明度的组合变化，产生对一种色彩结构的整体印象，这便是色调。

为商业空间环境确立的明度基调，将一定程度上决定商业空间环境最后所要形成的色彩效果。

有以颜色为基调的，主要是色量的控制，以寻求有主要倾向性色相的色彩，如偏橙色或偏粉红色，或含灰的色所组成的不同调子。还有暖调子、冷调子等。

暖调子：红、黄、橙、赭石、咖啡、紫红等，具有热烈、明朗、兴奋、奔放等特点，给人温暖的感觉，尤其适用于冬天使用。

冷调子：蓝、绿、紫等，具有安静、稳重、明快等特征，冷色调给整个房间带来清新、凉爽之感（图5-2、图5-3）。

四、三原色

我们所见的各种色彩都是由三种色光或三种颜色组成，而它们本身不能再分拆出其他颜色成分，所以被称为三原色。

1．光学三原色

分别为红、绿、蓝。将这三种色光混合，便可以得出白色光。如霓虹灯，它所发出的光本身带有颜色，能直接刺激人的视觉神经而让人感觉到色彩，我们在电视荧光屏和电脑显示器上看到的色彩，均是由红、绿、蓝组成。

2．物体三原色

分别为青蓝、洋红、黄。三色相混会得出黑色。物体不像霓虹灯，可以自己发放色光，它要靠光线照射再反射出部分光线去刺激视觉，使人产生颜色的感觉。青蓝、洋红、黄三色混合，虽然可以得到黑色，但这种黑色并不是纯黑，所以印刷时要另加黑色，四色一起进行（图5-4、图5-5）。

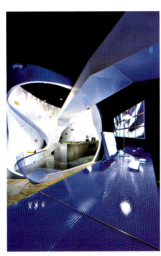

图5-2　运用蓝色光源来营造空间氛围

图5-3　运用暖色光源营造温馨的空间氛围

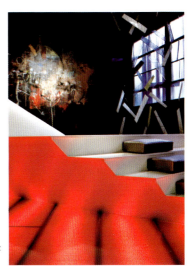

图5-4　红色与黑色可调经典的配色，稳重富有张力

图5-5 红色配以暖白色浓烈的氛围营造，使空间别具味道

第二节 ///// 色彩的物理效应

色彩对人引起的视觉效果反应在物理性质方面，如冷暖、远近、轻重、大小等，这不但是由于物体本身对光的吸收和反射不同的结果，而且还存在着物体间的相互作用的关系所形成的错觉，色彩的物理作用在室内设计中可以大显身手，赋予设计作品感人的设计魅力。

一、温度感

在色彩学中，把不同色相的色彩分为热色、冷色和温色，从红紫、红、橙、黄到黄绿色称为热色，以橙色最热。从青紫、青至青绿色称冷色，以青色为最冷。紫色是红与青色混合而成，绿色是黄与青混合而成，因此是温色（图5-6）。

二、距离感

色彩可以使人感觉进退、凹凸、远近的不同，一般暖色系和明度高的色彩具有前进、凸出、接近的效果，而冷色系和明度较低的色彩则具有后退、凹进、远离的效果。商业空间设计中常利用色彩的这些特点去改变空间的大小和高低（图5-7）。

图5-6 运用蓝色色调推开空间，再配以暖色色调拉近空间

图5-7 呈现出温色感的
色彩搭配

图5-9 暖色中的红色使空间扩散，并形成浓烈的空间氛围

图5-8 酒红、咖啡色明
度和纯度低因而显得重

三、重量感

色彩的重量感主要取决于明度和纯度，明度和纯度高的显得轻，如桃红、浅黄色。反之则显得庄重。在室内设计的构图中常以此达到平衡和稳定的需要，以及表现性格的需要如轻飘、庄重等（图5-8）。

四、尺度感

色彩对物体大小的作用，包括色相和明度两个因素。暖色和明度高的色彩具有扩散作用，因此物体显得大，而冷色和暗色则具有内聚作用，因此物体显得小。不同的明度和冷暖有时也通过对比作用显示出来，室内不同家具、物体的大小和整个室内空间的色彩处理有密切的关系，可以利用色彩来改变物体的尺度、体积和空间感，使室内各部分之间关系更为协调（图5-9、图5-10）。

图5-10 单色的空间中色彩的调配要适宜

第三节 //// 色彩对人的生理和心理作用

一、色彩对人的生理作用

人们对不同的色彩表现出不同的好恶，这种心理反应常常是因人们生活经验、利害关系以及由色彩引起的联想造成的，此外也和人的年龄、性格、素养、民族、习惯分不开。例如看到红色，联想到太阳，万物生命之源，从而感到崇敬、伟大，也可以联想到血，感到不安、野蛮等。看到黄绿色，联想到植物发芽生长，感觉到春天的来临，于是把它代表为青春、活力、希望、发展、和平等。看到黑色，联想到黑夜、丧事中的黑纱，从而感到神秘、悲哀、不祥、绝望等。看到黄色，似阳光普照大地，感到明朗、活跃、兴奋。

二、色彩对人的心理作用

当色彩以不同的光强度与不同的波长作用于人的视觉时，便会产生一系列生理、心理的反应，这些与人以往经验相联系时，便会引起各种联想，使色彩具有情感、意志、情绪等各方面的象征意义。商业空间环境的色彩必须考虑这些因素，如体育竞技类的场馆往往采用强烈的红、黄等纯度高的色彩，可以刺激运动员的求生欲望，提高竞技状态；如图书馆阅览室的色彩，则采用偏冷的低纯度色，以营造宁静的环境气氛。

根据色彩的象征意义对人的心理作用，科学家对色彩治疗病方面作了如下对应关系：

紫色治疗——神经错乱；

靛青治疗——视力混乱；

蓝色治疗——甲状腺和喉部疾病；

绿色治疗——心脏病和高血压；

黄色治疗——胃、胰腺和肝脏病；

橙色治疗——肺、肾病；

红色治疗——血脉失调和贫血。

不同的实践者，利用色彩治病有复杂的系统和处理方法，选择使用色彩的刺激去治疗人类的疾病，是一种综合艺术。

伦敦附近泰晤士河上的黑桥，跳水自杀者比其他桥多，改为绿色后自杀者就少了。这些观察和实验，虽然还不能充分说明不同色彩对人产生的各种各样的作用，但至少已能充分证明色彩刺激对人的身心所起的重要影响（图5-11、图5-12）。

图5-11　红色的装置造型设计，热烈且富有动感

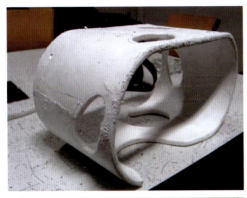

图5-12 独具特色的休闲椅造型，艺术与技术的完美诠释，并极具视觉冲击力

第四节 ///// 色彩的空间感觉

不同色彩与不同色调在商业空间中使用，与室内的空气调节、音响调节等一起，成为现代商业空间环境调节手段的一个重要方面。现代科技的进步，使人们不但满足购买产品的本身，更多的是愿意参与，充分享受创造的过程。专业的设计师针对商业空间的需要，利用电脑进行各种调色试验，如涂料、家具的配置等，以达到色彩调节空间效果的作用：

（1）根据不同空间的功能要求设置不同的色彩，以明确区域划分。

（2）从美学角度上突出空间的外貌特征，给人安全、舒适、悦目的感觉。

（3）有效地利用光照，易于看清室内空间中的各个物品。

（4）减少人的视觉疲劳，提高学习、工作的注意力。

（5）使室内环境更加整洁、有序，从而提高工作效率。

（6）温暖感与凉爽感：是冷色与暖色在室内空间中的运用给我们体温上的不同感受。

如在朝北的居室运用暖色调易创造温暖的感觉，冷色调会使房间显得比常温更低。

（7）推远感与迫近感：冷色偏轻有很远的感觉，

如使用了它们，房间显得更大，更具庄重感。暖色偏重有互相吸引的感觉。

（8）扩大感与收缩感：选择明亮色彩的材料装饰天花、地面、墙面，利用明亮色彩的反射作用能使整个空间感觉更明亮、更扩大。大而高的空间易产生视觉的涣散和乏味感，可以选择深暗色的地面材料，使心理感觉空间的收缩与紧凑。如快餐厅，整体的暖色调，低纯度的对比色，给人营造亲切的"家"的气氛（图5-13）。

图5-13 黑白线条色彩的搭配，使空间更具层次，韵律，富有张力

第五节 ////// 商业空间色彩设计原则

色彩的设计在室内设计中起着改变或创造某种格调的作用，会给人带来某种视觉上的差异和艺术上的享受。人们进入某个空间最初的几秒钟内得到的印象百分之七十五是对色彩的感觉，然后才会去理解形体。所以，色彩对人们产生的第一印象是室内装饰设计不能忽视的重要因素。在室内环境中的色彩设计要遵循一些基本的设计原则，这些原则可以更好地使色彩服务于整体的空间设计，从而达到最佳的设计效果。

商业空间的色彩设计包含商业空间中的整体色调、装饰色彩、灯具色彩、服装色彩、商品色彩等，繁杂的空间色彩关系如何完美地组合，形成统一又有变化的色彩基调，是商业空间色彩研究的重要课题。因此，创造商业空间主题及产品性格相协调的有一定情调的色彩环境，是商业空间色彩设计的任务。

一、统一性

在商业空间环境中，各种色彩相互作用于空间中，确立总体色调要和展示商品的内容主题相适应，对商业空间环境起决定作用的大面积色彩即为主色调。在空间、展品、装饰、照明等方面，都应在总体色彩基调上统一考虑，应与使用环境的功能要求、气氛、意境要求相适合，与样式风格的协调，形成系统、统一的主题色调。

二、突出主题

色彩设计应考虑以怎样的色调来创造整体效果，构成浓烈的空间气氛，突出主题性。考虑内容与商品个性的特点，选择色彩要有利于突出产品，利用色彩对比方法使主题形象更加鲜明。

三、情感性

把握观众对色彩的心理感受，充分利用色彩的心理感受、温度感、距离感、重量感、尺度感等，诱导观众有秩序、有兴趣地观看商品是商业空间色彩设计追求的目标。

四、生动且丰富

在色彩设计时，应避免过于单调或过于统一，没有变化、缺乏生气。在色彩面积、色相、纯度、明度、光色、肌理等方面应进行有秩序、有规律的变化，给人以丰富的变化感，促使观众或顾客在浏览的过程中保持兴奋。

五、注意光对色的影响

不同的光源对色彩会产生不同的影响，合理考虑与照明的关系，光源和照明方式会带来色彩的变化，并加以灵活运用，可营造出神秘、新奇的气氛（图5-14～图5-19）。

图5-14　统一的整体色调，突出主题并富于动感且生动

图5-15　红色配以冷色灯光的衬托，呈现不一样的空间氛围，浓烈富有张力

图5-16　色彩的搭配烘托出浓烈的空间氛围尤为重要

图5-18　变化的构成集合多样的色彩调配，构成戏剧性的空间效果

图5-17　冷暖色调相配合呈现出较舒服的空间环境

图5-19　对比色彩在光的作用下生动且丰富

第六节 ///// 商业空间色彩搭配原则

在商业空间设计中，设计师对商业空间室内气氛的营造，常常采用色彩的魅力来增强艺术氛围，色彩几乎可被称为空间设计的"灵魂"。而色彩的特性决定着：在设计的范围内，任何色彩是不分美与丑的，就如印象派大师凡·高曾说过的那样："没有不好的颜色，只有不好的搭配。"商业空间色彩搭配中应注意以下原则：

（1）商业空间应有一个统一的色彩基调，以增强整体感。

（2）色彩搭配时必须以突出商品为前提，恰当的色彩对比会使商品更加突出。

图5-20

图5-21 不同色光对空间环境的影响

（3）一般来说，一个商业空间中的空间配色不应超过三种，其中白色、黑色不算色。

（4）大面积色彩不宜色度过高、色相过多，色彩明度差异过大会使人感到视觉疲劳。

（5）对重点商品要利用各种色彩对比表现的方式突出商品。

（6）金色、银色可以与任何颜色相陪衬。金色不包括黄色，银色不包括灰白色。

（7）最佳配色灰度是：墙浅，地中，陈设深。

（8）尽量使用素色的设计，以免影响商品在空间中的主导地位。

（9）天花板的颜色应浅于墙面或与墙面同色。当墙面的颜色为深色时，天花板应采用浅色。天花板的色系只能是白色或与墙面同色系。

（10）不同的封闭空间可以使用不同的配色方案（图5-20～图5-22）。

商业空间色彩设计的要求是要表现商业空间设计主题，突出商品的特性、用途，通过各种设计手法来衬托商品。无论从空间界面还是货柜、货架的色彩都要有利于烘托商品、宣传商品和诱导购物（图5-23、图5-24）。

图5-22 光色共同营造空间整体环境氛围

图5-24 氛围温馨的空间环境

图5-23 冷暖色调相和谐的空间环境，丰富多彩

[复习参考题]

◎ 简述色彩的三种属性及概念理解。

◎ 色彩的三原色如何分类，都由哪些颜色组成？

◎ 商业空间色彩设计的原则都有哪些？

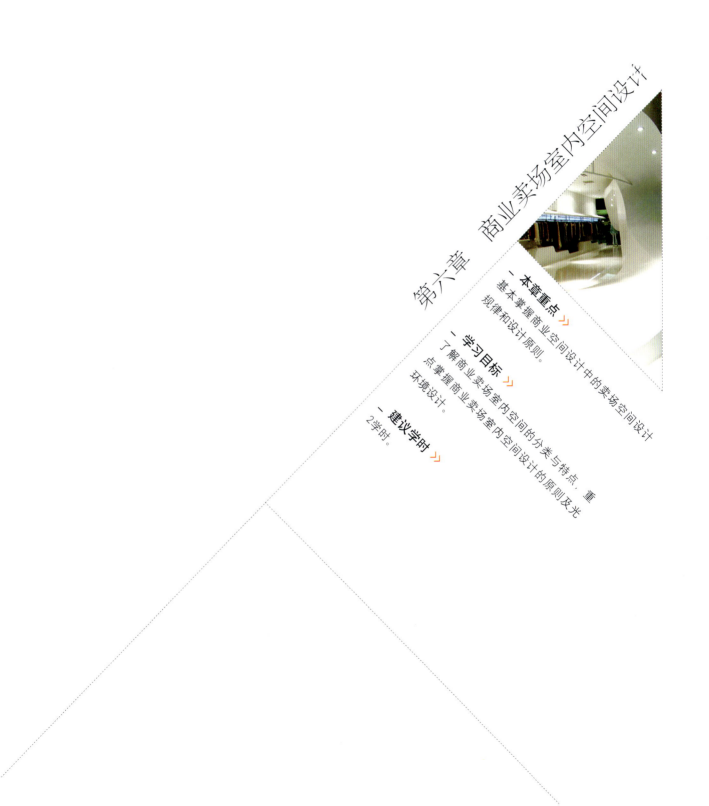

第六章　商业卖场室内空间设计

一 **本章重点** 》
基本掌握商业空间设计中的卖场空间设计规律和设计原则。

一 **学习目标** 》
了解商业卖场室内空间的分类与特点，重点掌握商业卖场室内空间设计的原则及光环境设计。

一 **建议学时** 》
2学时。

第六章　商业卖场室内空间设计

第一节 ///// 商业卖场的分类

（1）购物中心。

特点：功能齐全、购物、餐饮、娱乐、休闲、店中店。

（2）超级市场。

特点：商品种类多，分布合理、方便。便于人们日常生活消费。

（3）中小型自选商场。

特点：小规模经营，灵活方便，并可渗入到各类生活空间中。

（4）商业街。

特点：休闲购物娱乐为一体。注重入口空间、街道空间、店中店、游戏空间、展示空间、附属空间与设施设计。

（5）专卖店。

特点：定位明确，针对性强，风格具有个性。有家用电器、妇女时装、金银首饰、品牌专卖等。

第二节 ///// 商业卖场的设计原则

一、商业卖场入口设计

商业卖场入口设计的好坏直接影响消费者购物的情绪。商业卖场入口通常可以通过橱窗、灯箱、招牌、灯光、装饰物及新颖、奇特的造型等方面的创新设计，来吸引更多的人进入卖场并对内部陈设的商品产生兴趣和诱惑力。

商业卖场入口的位置是人流汇聚的中心，其内空间应尽量开放宽敞，并留有足够的缓冲空间保证顾客方便进入和顺利疏散。流线设计应结合商业卖场空间的整体布局来设置，避免出现顾客不光临的"死角"，具有引导性的动态流线设计非常重要（图6-1～图6-4）。

图6-1

图6-2

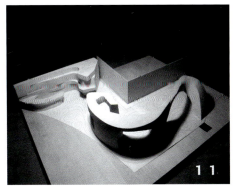

图6-4

设计要点：

（1）吊顶造型与地面的流线相呼应来增强人流导向性。

（2）货架陈列、展示柜等的划分来引导顾客走向。

（3）通过天花、墙面、地面三界面的造型、色彩、材质、灯光、配饰等要素的多样化构成手法，来诱导消费者的视线，从而激发他们的购买欲望（图6-5、图6-6）。

图6-3 具有引导性的动态流线设计结构感极强，并富有韵律感的品牌服饰旗舰店

图6-5 Giorgio Borruso商店设计，夸张的结构造型，流线型的设计使人印象深刻

图6-6　专卖店内部空间设计

二、商业卖场的销售区

1. 商业卖场销售形式

商业卖场的销售形式主要有开架式、闭架式两种。

开架式是指不需要通过营业员服务，而让顾客随意近距离挑选货柜、展台、展架上的商品的开架经营方式；反之则是闭架式。

开架式是销售的主流形式，体现了商品经济时代高效、人性化的特点，适用于家用电器、服装服饰、家具家居用品、日常生活用品、食品等。

闭架式多适用于化妆品、金银首饰、珠宝、手表、手机、照相机等小件贵重物品的销售形式。

2. 商业卖场家具设计

商业卖场的家具只是指陈列商品用的展架、展柜、展台等。展架、展柜、展台是商业空间的主角，它们的造型、风格、色彩、材质设计的好坏直接影响整个空间的审美效果。其实用功能是第一位的；其次是形式的美感；另外，还要考虑其灵活性、多样性（图6-7）。

图6-7 WOLFORD专卖店

3．商业卖场家具布置

（1）直线形。

是指按照营业厅的梁柱的结构，把每节柜台整齐地按横平竖直的方式有规律地摆放，形成一组单元的柜台布置形式。其优点是摆放整齐，方向感强，容量大；缺点是较呆板，变化少，灵活性小。

（2）斜线形。

是指商品陈列柜架与建筑梁柱或主要流线通道布置成一个有角度的柜台形式。其优点是活泼，有一定

韵律感；缺点是容量相对较小，异形空间较多。

（3）弧线形。

是指展柜、展架、展台设计成弧形、曲线形的摆放式样和造型的陈列方式。其优点是活泼、动感强；缺点是占用空间较大。

在实际运用中，以上三种陈列形式互相穿插布置，才会创造出灵活多变、活泼创新的空间形式。不同的商品采用不同的陈列方式。总之，只有把握商品陈列摆放有序、主次分明、视觉效果好、便于顾客参观选购的原则，才能设计出好的空间布局（图6-8）。

三、商业卖场界面设计

商业卖场的主要界面是墙面、天花、地面。

1．墙面

商业卖场除中厅、柱子采用石材、塑铝板等耐用并符合消防要求的装饰材料外，大多数墙面基本上被展柜、货架、展架所遮挡，通常只是刷乳胶漆或做喷涂处理。但卖场区域展示柜的上方、"屋中屋"外立面和专卖场主背景墙面，往往是设计的重点，它对整个设计风格的凸显，能起到很好的展示作用，应做重点设计。

2．天花

商业卖场中吊顶材料多使用轻钢龙骨纸面石膏板，还有轻钢T龙骨硅钙板、矿棉板、铝扣板等消防性能较好的防火材料。商业卖场天花的设计应以简洁为好，与地面总体的格局应呼应处理，还要考虑其造型的设计不与空调风口及消防喷淋相冲突。

3．地面

商业卖场的地面设计应首先考虑防滑、耐磨和易清洁。常用的材料有防滑地砖、大理石、PVC地板等耐磨材料，根据设计需要，马赛克、钢化玻璃、鹅卵

图6-8　珠宝专卖店内部空间家具布置以直线形、斜线形、弧线形三种陈列形式互相穿插布置

石等也是经常用作于地面局部装饰点缀的材料。在商场的有些高档的商品专卖区或独立经营的专卖店，有时也会用木地板或地毯进行地面铺装，以提升商业卖场的档次（图6-9）。

图6-9　佰草集汉方SPA静安旗舰店

第三节 ///// 商业卖场的光环境设计

一、商业卖场的一般照明设计

（1）注意把握照明器的匀布性和照明的均匀性。

（2）注意照明的显色性。

（3）灯具尽量选用避免眩光的格片或暗藏式灯具。

（4）可以以光照来划分不同的售货区。

二、商业卖场的重点照明设计

（1）重点照明区域的照度要大于其他区域，如展柜、展架局部商品的重点照明，应比人行通道的照明要高。一般情况下，重点照明与一般照明的照度之比为3：5。

（2）特别要注意照明的显色性。

（3）考虑商品质感、立体感的表现。

（4）注重灯具、光源的选择，避免眩光的产生。

三、商业卖场的装饰照明设计

（1）照明只以装饰为主要目的，不承担基础照明和重点照明的任务。

（2）可以选用有装饰效果的灯具进行装饰照明，也可以设计有装饰效果的光源进行装饰照明（图6-10）。

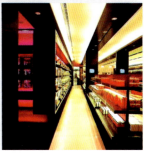

图6-10　香港余仁生药店

第四节 ///// 案例赏析（图6-11～图6-17）

图6-11 专卖店外立面
效果表现

图6-12 专卖店外立面
实景效果

图6-13　专卖店内部墙面及展架实景效果

图6-14 专卖店内部墙面及展架效果表现

图6-15 专卖店外立面表现方案

图6-16 专卖店外立面及内部空间效果表现方案

图6-17 专卖店外立面及内部空间实景效果

[复习参考题]
◎ 商业卖场的分类及特点是什么?
◎ 商业卖场家具布置形式都有哪些?

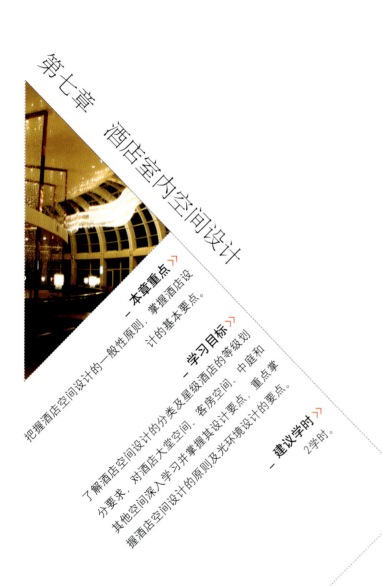

第七章 酒店室内空间设计

本章重点

把握酒店空间设计的一般性原则，掌握酒店设计的基本要点。

学习目标

了解酒店空间设计的分类及星级酒店的等级划分要求，对酒店大堂空间、客房空间、中庭和其他空间深入学习并掌握其设计要点，重点掌握酒店空间设计的原则及光环境设计的要点。

建议学时

2学时。

第七章　酒店室内空间设计

第一节 //// 酒店空间设计的分类

酒店业发展至今，真可谓名目繁多，应有尽有。由于历史的演变、传统的沿袭、地理位置与气候条件的差异，酒店用途、功能、设施的不同，世界各地的酒店五花八门，千奇百怪，说不尽，数不完，实难类分。不过，为了比较、研究及更好地经营管理等目的，人们对酒店也有一些大致的分类方法，有的是世界各国比较通用的分类法，而有的则仅限于某国家、某地区采用的分类法。

一、按照传统分类法，酒店可分为四种类型

1. 商业性酒店

所谓商业性酒店，就是为那些从事企业活动的商业旅游者提供住宿、膳食和商业活动及有关设施的酒店。

一般来讲，这类酒店都位于城市中心，商客居住的时间大都在星期一至星期五。这是从事商业活动的时间，也就是商业旅游者从事商业贸易的场所。在周末，也就是在星期六和星期天是商业性游客的假日，因此很少来酒店订房、居住和办公。

商业性酒店的最大特点是回头客较多。因此，酒店的服务项目、服务质量和服务水准要高。要为商业旅游者创造方便条件。酒店的设施要舒适、方便、安全，在这点上，商业性酒店更为明显。

商业性酒店在服务方面应培养一批服务技能高超、外语流利、礼节、礼貌及服务态度热情、周到的服务员，以便向商业性旅游者提供快速的客房用餐和服务周到型安公。

商业性酒店旅游者居住的时间一般是两至三天

（不过夜不算住宿），在这里居住的商业性旅游者一般都是受过高等教育、有着国际交际礼节和丰富企业管理经验的上层人物和企业家。因此，酒店服务员的服务态度、语言交际要表现高度的礼节、礼貌；服务技术要高超，服务程序要熟练、准确，否则将影响商业旅游的商业活动、贸易洽谈，同时也损伤了酒店的声誉。

世界国际酒店集团所属的酒店绝大多数是商业性酒店，他们根据旅游市场的需求比例，建造各种类型的酒店。如纽约希尔顿酒店、芝加哥凯悦酒店、华盛顿马里奥特、日本东京帝国酒店等都是典型的商业性酒店。

2. 长住式酒店

长住式酒店主要为商客的一般性度假旅客提供公寓生活，它被称之为公寓生活中心。长住式酒店主要是接待长住客人，这类酒店要求长住客人先与酒店签订一项协议书或合同，写明居住的时间和服务项目。

长住式酒店已被我国有些酒店视为"保底收入的一种有效做法"。目前，我国还没有那种纯粹的长住式酒店，只是部分居住形式上为半年甚至一年以上的长住客人。我国有些酒店将其客房的一部分租给商社、公司，作为他们的办公地点、商业活动中心，形式为长住式酒店。

这些酒店都是向长住商客提供正常的酒店服务项目，包括客房服务、饮食服务、健身和康乐中心等项服务。

长住式酒店一般收费较高，其原因是长住不是像一般游客那样在酒店就餐、购买纪念品及公共服务项目花费，因此，这些应该得到而失去的营业额都加

到客房服务的账目里；同时长住商客要求一些额外的客房设施，这也是增加费用的一个原因。另外长住式酒店也要提供比较现代化的电源设备、电传、电话，特别是海外直拨电话、传译。同时也要提供方便的交通、安静的住所。

3. 度假性酒店

度假性酒店主要位于海滨、山城景色区或温泉附近。它要离开嘈杂的城市繁华中心和大都市，但是交通要方便。度假性酒店除了提供一般酒店所应有的一切服务项目，最突出、最重要的项目便是它的康乐中心，因为它主要是为度假游客提供娱乐和度假场所。为那些度蜜月的新婚夫妇提供各种酒店服务，特别康乐中心尤为重要。因为度假游客在自己的游玩当中，还要进行社交活动，所以度假性酒店的文艺演出设施要完善，像室内保龄球、台球、网球、室内外游泳池、音乐酒吧、咖啡厅、迪斯科舞厅、水上游艇、碰碰船、水上漂、电子游戏以及美容中心和礼品商场都是不可缺少的。再有"付费点播"电视也是十分重要的。

度假性酒店不仅要提供舒适、暖人的房间，令人眷恋的娱乐活动和康乐设施，同时要提供热情而快速敏捷的服务。

还有一点需要指明的是，度假性酒店要设在自然环境优美、诱人、气候好的热带地区，四季皆宜，树木常青，酒店要位于海滨。

我国部分海滨、沿海城市有度假性酒店。如北戴河、青岛、大连等地的酒店属于这一类型，但不是热带气候，只是季节性的度假酒店。另外其设施、服务已是非常典型的度假性酒店，设施和服务已居国际水平。如深圳的西丽湖度假村、香蜜湖度假村酒店，珠海长江宾馆均属度假性酒店，吸引了大批的港澳同胞、商客，日本游客前去度假和欢度周末。我国的海南即将成为中国的夏威夷、中国的加勒比海，那里将是我国度假性酒店的集中地，将是日本旅客和我国港

澳同胞最理想的度假场所。

4. 会议酒店

会议酒店是专门为各种从事商业、贸易展览会、科学讲座会的商客提供住宿、膳食和展览厅、会议厅的一种特殊型酒店。

会议酒店的设施不仅要舒适、方便，有暖人的客房和提供美味的各类餐厅，同时要有大小规格不等的会议室、谈判间、演讲厅、展览厅等。并且，在这些会议室、谈判间里都有良好的隔板装置和隔音设备。

二、按照星级标准分类，酒店可分为五个等级

国际上按照酒店的建筑设备、酒店规模、服务质量、管理水平，逐渐形成了比较统一的等级标准。通行的旅游酒店的等级共分五等，即五星、四星、三星、二星、一星酒店。

五星酒店：这是旅游酒店的最高等级。设备十分豪华，设施更加完善，除了房间设施豪华外，服务设施齐全。各种各样的餐厅，较大规模的宴会厅、会议厅，综合服务比较齐全。是社交、会议、娱乐、购物、消遣、保健等活动中心。

四星酒店：设备豪华，综合服务设施完善，服务项目多，服务质量优良，室内环境艺术，提供优质服务。客人不仅能够得到高级的物质享受，也能得到很好的精神享受。

三星酒店：设备齐全，不仅提供食宿，还有会议室、游艺厅、酒吧间、咖啡厅、美容室等综合服务设施。这种属于中等水平的酒店因设施及服务良好而价格相对较便宜，在国际上最受欢迎，数量较多。

二星酒店：设备一般，除具备客房、餐厅等基本设备外，还有商店、邮电、理发等综合服务设施，服务质量较好，属于一般旅行等级。

一星酒店：设备简单，具备食、宿两个最基本功能，能满足客人最简单的旅行需要。

根据我国发布的《旅游酒店星级管理办法规

定》，可根据硬件设备设施条件，最高划分为五星级，而现代酒店的评定仍界于1998年的评定标准，但现在许多大酒店因后期设计的更新，其硬件设施已不能完全用以前的评定方法来界定，比五星的标准还要高，如规定五星级饭店门锁要用IC门锁，而现在许多新型饭店已用指纹、声音来识别。

所以，六星级酒店即是行业类人士认为超过五星级酒店之上的。而七星级酒店，即行业类人士认为如果让他去评六星都还不能够形容其服务、硬件之完善。如迪拜酒店就是大家公认的七星级酒店，其消费水准、豪华程度无与伦比，最低标准房房价7200元每晚，总统套房1.8万美元每晚，折合人民币14万元每晚。如果到这家饭店去参观，要收取门票，平日25美元，假日50美元（图7-1）。

图7-1　七星级酒店奢华到令人窒息

第二节 ////// 酒店空间设计的原则

一、合理的功能布局

合理的功能布局是酒店方案设计的核心内容。合理的功能布局不仅指酒店整体功能的布局要合理，还包括大堂、客房等单体功能空间的合理布局。国家颁布的《旅游涉外饭店星级的划分及评定》从一星级到五星级饭店第一条规定都是"饭店布局合理"，足见饭店合理功能布局的重要性（图7-2、图7-3）。

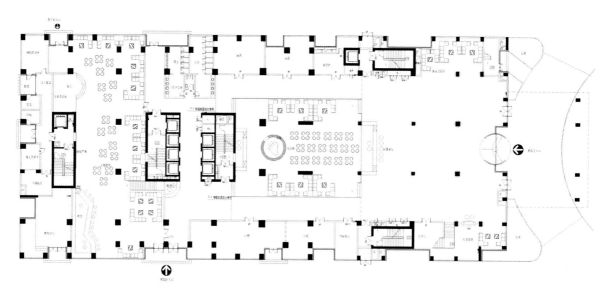

图7-2 星级酒店一层平面布置图

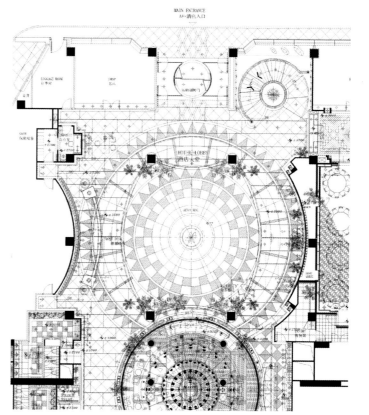

图7-3 星级酒店一层大堂区平面布置图

二、独特的设计风格

　　每个酒店都应有自己的独特风格，以适应它所在的国家、城市或地区的人们的需要。独特风格不仅要表现在酒店是商务型、观光型、休闲度假型或会议型等不同类型的市场定位上，还应体现在装修设计风格上。一般来说，度假酒店的整体风格应给人轻松、亮丽、休闲的感觉；商务型酒店、会议型酒店的风格形式应更突出其功能性，给人以简约、明快之感（图7-4、图7-5）。

图7-4　现代前卫的酒店设计

图7-5　具有独特风格设计的酒店

三、注重文化特色

由于在消费需求上的精神文化色彩越来越浓厚，因此，在进行酒店空间设计时，应注重酒店文化品位塑造。可以通过不同的空间造型、色彩、材质、灯具、家具、陈设等来体现酒店、饭店的文化特色，给人以高尚的情趣和动人的美感。

四、注重不同星级装修设计档次的划分

设计师在进行酒店空间设计时，应根据酒店不同的星级标准，在设计定位上有所区别，星级越高，装修应越高档，如选用豪华材料，工艺更精致，风格更突出，设施更完善等，能与酒店本身星级定位相匹配。

五、人性化的设计理念

绿色、环保、节能，人性化的设计理念应自始至终渗透在酒店设计的方方面面。

第三节 ///// 大堂空间设计

大堂是星级酒店、饭店的中心，是顾客对酒店、饭店的第一印象的窗口，主要由入口大门区、总服务台、休息区、交通枢纽四部分组成。设施主要有总服务台、大堂副经理办公桌、休息沙发座、钢琴、饭店业务广告宣传架、报架、卫生设施等。

一、总服务台

总服务台是大堂活动的焦点，是饭店业务活动的枢纽，应设在进到大堂一眼就能看到的地方。总服务台是联系宾客和饭店的综合性服务机构，主要办理客人订房、入住和离店手续服务、财务结算和兑换外币服务、行李接送服务、问讯和留言服务，接待对外租赁业务（如承办展览、会议等）、贵重物品保管和行

图7-6

李寄存服务，以及客人需求的其他服务。

总服务台的长度与饭店的类型、规模、客源市场定位有关，一般8米至12米，大型饭店可以达到16米。

设计要点：

总服务台设计时应考虑在两端留活动出入口，便于前台人员随时为客人提供个性化的服务（图7-6、图7-7）。

图7-7

二、总台办公室、贵重物品保险室

总台办公室一般设在总服务台后面和侧面。贵重物品保险室也应与总服务台相邻，主要负责客人的贵重物品保管，客人和工作人员分走两个入口。

三、大堂经理办公桌

大堂经理的主要职责是处理前厅的各种业务，其办公室应设在可以看到大门、总服务台和客用电梯厅的地方（图7-8）。

图7-9

四、商场、购物中心

一般酒店的商场主要出售旅行日常用品、旅游纪念品、当地特产、工艺品等商品，四星级、五星级的酒店为了提升自己的品位和档次，专门经营高档品牌服饰、箱包鞋帽或其他高档商品，以满足客人需要（图7-9）。

五、商务中心

商务中心主要为客人提供传真、复印、打字、国际直通电话等商务服务，有的酒店还增设有订飞机票、火车票的功能。商务中心一般应设置有电脑、打印机、复印机、沙发等服务设施。

六、休息区

大堂休息区的位置最好设在总服务台附近，并能向大堂或其他经营点延伸，既方便客人等候，也能起到引导客人消费的作用。

七、行李间

行李间主要用来存放尚未办好手续及退出客房、准备离去的旅客们的行李。行李间一般以每间客房0.05平方米至0.06平方米的面积设定，观光型饭店旅行团行李较集中，行李间面积可适当大些。

图7-8

八、公共卫生间

公共卫生间应设在大堂附近，既要隐蔽又要便于识别找寻。卫生间的面积、厕位小间尺寸、洁具布置等设计应符合人体工程学原理。洗手台盆和男厕小便斗定位的标准中距尺寸以700mm为宜，厕位小间的标准尺寸为1200mm×900mm，卫生间的门即使开着也不能直视厕位（图7-10～图7-17）。

图7-11

图7-10

图7-12

图7-13

图7-14

图7-15

图7-16

图7-17

第四节 ///// 客房空间设计

客房是宾馆、酒店、饭店向宾客提供住宿和休息的主要设施，是宾馆、酒店的主体部分，也是旅游者旅途中的"家"。无论从客人的角度还是酒店方的角度，客房都是最重要的地方，并具有系统性、功能性、标准性和艺术性的特点。其设计的好坏，会直接影响到饭店收益的主要来源。宾馆客房应该有吸引人的、像家庭一样的气氛，以保证每位宾客在逗留期间都感觉到亲切舒适。

酒店、宾馆的客房房型一般分普通标准间、商务套间、高级标准间和高级套间。五星级的酒店为了提升档次，还设有总统大套房。不同规模和不同档次的酒店、宾馆的房型，根据实际需求和经营效率而不同。

一、功能与设计要求

客房具有睡眠、起居、阅读、书写、沐浴等功能。

客房空间的划分在不同的房型中存在着不同的布局方式。标准间按功能一般分通道、卫生间、桌、床位、休闲座椅五个区域，客房走道旁宽度一般约为90cm～120cm，其中，家具占客房面积的18%～20%，相对高级的房型，各区域所占室内面积相对变小。

为了满足不同功能和客人的需要，很多酒店还设有5%～8%的连通房，既两个普通标准间之间设有可以相通的门，并根据客人需要，可单独作为两个标准间使用，也可作为套间经营。这种房间使用率较高。

为了满足商务客人的需求，很多星级酒店设有商务套间。商务套间布局的主要特点是会客间兼工作间，除住宿外，还能满足客人办公的需要。

高级客房在家具尺度、人流通道、装饰用材和功能设施等方面的要求都高于普通客房。以床为例，普通客房的床位尺寸一般是1100mm×2000mm、1200mm×2000mm的规格，而高级套房的床位尺寸一般为1600mm×2000mm、2000mm×2000mm等规格。而以洁具为例，普通客房只有一般浴缸或淋浴房，而高级套房则有冲浪按摩浴缸或带有按摩功能的淋浴房。豪华套房在一般套间设施的基础上，有的另加设有餐厅、厨房、会客厅、小酒吧台、书房兼工作间，以及随从客房等。

很多五星级以上的酒店为了体现档次，设置有总统套房。总统套房在平面布局、功能设施和装饰造价上都是各客房档次的顶尖级。设施造价约500万元～2000万元不等。总统套房的基本房型分布有起居室分主卧室、随从室，并兼设有多种形式的卫生间。家具、地毯、灯具、灯饰和置景造型均为能工巧匠精雕细刻的高档工艺的精品，其豪华或古朴堪称"极品"。超大型的总统套房的功能设施更是应有尽有。

二、客房家具设计

家具选材与造型是酒店、宾馆客房功能设计的最基本内容。按标准，家具尺度一般大同小异，但取材造型的样式则种类繁多。设计的基本标准首先取决于客房面积和投资造价，其次是家居风格与整体空间的装饰协调。因受面积的限制，客房家具尺寸略小于居家和办公家具，并由此而形成了一定的功能特征。标准客房的家具一般有梳妆桌（兼写字台）、电视柜、床头柜、行李柜、酒柜、高背椅、圈椅（沙发）、茶几等。

设计要点：

客厅家具取材和漆色宜与门套、门扇及各种木线配置协调，并把握客房整体装饰风格的统一。

三、卫生间设计

俗话说，宾馆看大堂，客房看卫生间。卫生间设计和设备的选配是客房档次的标准，其界面饰材和洁具规格，尤其是洗面台的造型和整体色彩的配置是设计的重点。

卫生间设施配置一般有面盆、坐便器、淋浴房或是浴缸三种，面盆、坐便器、妇洁器、淋浴房或浴缸四种，高档一点的还配置有按摩冲浪式浴缸、桑拿房等。其他设施还有淋浴喷头、梳妆台、防雾镜、卫生纸盒、存物架、毛巾架、化妆镜、吹风、晾衣绳等。

设计要点：

卫生间的设计要求安全、防潮、防滑、易清洁，其地面应低于客房地面20mm为好。

四、客房装饰用材与用色

客房作为休息场所，材质选择与色彩色调的处理是以营造宁静、温馨、舒适的个体空间环境为宗旨，材料的选用、颜色的搭配、家具的配置都要以客人感到舒适、温馨和方便、安全为准。客房装饰的主要材料有墙纸或乳胶漆、地毯、床罩、窗帘及门扇、门套、踢脚线、阴角线、窗套台板等，把握好恰当的对比与协调关系是客房选材与配色的设计基准。

设计要点：

（1）客房装饰木质材料应与家具协调一致。

（2）墙纸以明亮色系为宜。

（3）窗帘、地毯和床罩的花色纹饰及图案应协调一致。

（4）客房走道应尽量选用耐脏、耐用的地毯或防水、耐脏的石材。

五、客房的个性化和创新型设计

客房的个性设计和装修、装饰会对客人产生深远的影响，也是客人选择再次入住的重要因素。国内的很多酒店从建筑构造上都惯用一套固定的标准客房型模式，设计含量很低。因此，如何在满足功能需求之外进行客房的创新设计，是设计师所追求的目标。住酒店的客人如果发现房间内的装修形式、颜色、陈设品、家具等都是未曾见过的、新奇的、高雅的，他们就会感到一种极大的满足和愉悦。

设计要点：

把同类型的客房装饰成不同的样式，也是个性化设计的体现，这样能使客人有常新的感觉（图7-18～图7-28）。

图7-18

图7-19

图7-21

图7-20 各种风格客房卫生间设计

图7-22 套客房卫生间实例，主墙面造型材质以马赛克拼铺为主题设计，整体空间感觉很写意

图7-23

图7-24

图7-25 套客房实例，抽象的地毯，绒面家具配置，简约的配饰及软包墙面造型，共同营造现代感较强的客房空间效果

图7-26 客房卧室实例

图7-27

图7-28 充满温馨与浪漫情怀的色调与丰富且充满质感的材质配饰，共同营造别样的情趣空间

第五节 //// 中庭和其他空间设计

很多酒店都有中庭空间（或叫内庭空间、共享空间），中庭空间多以室外绿化景色（景观）为主题，把室外景色引入室内，展现生态、绿色，咖啡厅等常与中庭连为一体，并用绿色植物和其他陈设来划分空间。

酒店是一个系统化的设计项目，除了提供住宿、吃饭等基本服务外，还有娱乐、健身等其他综合服务项目，在设计时应统筹考虑（图7-29～图7-40）。

图7-31 楼梯一角，现代感较强的楼梯扶手

图7-29 将室外景色与室内空间相融合的设计手法，大量绿色植物的应用仿佛置身于林野之中

图7-30 空间的高耸铸就空间的气势，配以绿色植物、采光天井等手段加以描绘出气势恢弘的空间景象

图7-32 挑空的餐厅

图7-33　软隔断分割的就餐区

图7-36　休息按摩区

图7-34　室内游泳区

图7-35　休息等候区

图7-37　大堂休闲吧

图7-38

图7-40　宴会厅

图7-39　文华东方酒店大厅、休闲吧、休息区内部空间

第六节 //// 酒店空间设计的光环境

　　酒店的照明设计除了满足功能性的照明外，其艺术性的表现作用对宾馆、酒店的环境氛围的提升具有非常重要的意义。

　　大堂是酒店、饭店的核心，照明设计的好坏会直接影响大堂的效果。一般情况下，大堂天花整体照明布光应均匀、明亮，选择照面方式一定要满足总台接待区、休息区、交通空间等不同功能空间的需要，并考虑其局部的照明因素以补充一般照明（整体照明）

的不足。但在破坏整体效果的情况下，适当的灯具眩光和玻璃、不锈钢等材质反射光的出现，可以增添大堂的豪华气氛。

　　总台是大堂的视觉焦点，在照度设计上应高于大堂的一般照明，一是便于书写及阅读相关材料；二是突出其显眼的位置，便于为客人服务。在照明方式的选用上应注意避免眩光的产生。

　　客人休息等候区的照明应强调气氛和私密性，光线应柔和，可以利用台灯、落地灯进行氛围的渲染和区域的相对划分，并增加光照的层次感。

电梯间的照明也是非常重要的一部分，一是应该考虑有足够的照度，二是要考虑光线的层次及灯具的选择。通常会用两种灯具以上的照明方式进行照明。

走廊、楼梯间如果没有窗户，一般照明就是全天候的，主要是满足客人行走和应急疏散作用的视线需要，照度150lx就可以了，通常将筒灯、暗藏灯槽、壁灯等照明方式结合作用。

客房照明的功能设置较多，有小走廊照明的顶灯、床头照明的床头灯、写字桌上的台灯、梳妆桌上方的镜前灯、休息桌旁的落地灯、酒柜安装的筒灯（或射灯）、衣柜灯、小走廊处或控制柜安装的夜灯，除此之外，还有卫生间安装的镜前灯、壁灯、防雾灯等。对于各种灯具的选择，首先要注意灯具造型风格的统一，其次还要考虑与客房整体设计风格的协调。

客房各种灯具和开关插座的安装高度及位置应符合星级酒店、饭店规范要求，如开关应安装在离地面1.40m的高度，地面插座安装在离地面0.30m的高度。

客房走道的灯光既不可太明亮，也不能昏暗；要柔和，没有眩光。可直接安装筒灯照明，也可以考虑采用壁光或墙边光反射照明，还可以顶、壁灯结合照明。总之，要为客人营造一种安静、安全的气氛（图7-41）。

图7-41 三亚喜来登度假酒店内部空间照明设计

第七节 ///// 案例赏析（图7-42～图7-52）

图7-42　电梯间造型墙面

图7-43

图7-44

图7-45　餐厅

图7-46 走廊

图7-48 餐厅走廊

图7-47 二层走廊

图7-49 电梯间

图7-50 大堂天花局部

图7-52 大堂空间效果

图7-51 二层挑空局部

[复习参考题]

◎ 酒店可分为哪四种类型?

◎ 概括描述星级酒店的划分标准。

◎ 酒店空间设计的原则有哪些?

第八章 餐饮空间设计

本章重点

对餐饮空间的功能要求有一定的认识，掌握餐饮空间设计的基本规律，深入学习设计构思与创意的方法。

学习目标

了解餐饮空间设计的分类及餐饮空间的功能划分，对餐饮空间的构思与创意及制约因素加深理解，并深入学习构思与创意的途径，重点掌握餐饮空间设计的原则及光环境设计的要点。

建议学时

2学时。

第八章　餐饮空间设计

第一节 ///// 餐饮空间设计概述

　　餐饮空间主要是指中餐厅、西餐厅、自助餐厅、风味餐厅、宴会厅、咖啡厅、酒吧、茶馆、冷饮店等提供用餐、饮料等服务的餐饮场所的总称。餐饮空间不仅仅是人们享受美味佳肴的场所，还具有人际交往和商贸洽谈的功用。就餐环境的好坏直接影响人的消费心理。依用餐对象目的的不同，顾客选择的餐饮空间也有所区别。总体来说，营造吻合人们消费观念且环境幽雅的餐饮空间环境，是设计首先要考虑的问题。

　　餐厅按功能划分，通常分为顾客用空间、管理用空间、调理用空间。

　　顾客用空间主要包括散席区、包房区、宴会厅等，及附带的洗手间、等候区、衣帽间、收银区等；是服务大众、便利其用餐的空间。

管理用空间主要包括管理办公室、服务人员休息室、更衣室、员工厕所、各类仓库等。

调理用空间主要包括冷菜间、点心室、洗涤区、烹调区、冷冻库、出菜间、配餐间等（图8-1）。

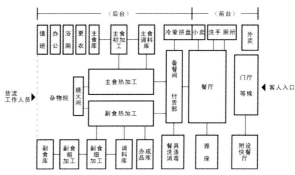

图8-1　餐厅组成图

第二节 ///// 餐饮空间的构思与创意

　　餐饮业是竞争十分激烈的行业，餐饮店必须特色化、个性化方能站住脚。而要做到这一点，当然是经营内容要有风味特色、美味美食，但餐饮店空间设计本身也必须要有新意，与众不同，环境氛围舒适雅致，具有浓郁的文化气息，让人不仅享受到厨艺之精美，又能领略到饮食文化的情趣，吃出品位，吃出风情，方能宾客盈门。

　　因此，餐饮空间设计的构思与创意对餐饮店的成败，具有举足轻重的作用，应格外重视构思要巧妙，创意不落俗套，重视精神表现，这是成功之本。

设计要点：

　　就餐环境直接影响顾客的消费心理，并起到体现服务档次、质量的效果。因此，充分合理地利用空间，营造舒适幽雅的环境，吸引顾客，使其进行消费，是设计的出发点和根本目的。

一、设计前的考察调研

构思方案前需要找到答案的几个基本问题：

　　（1）投资者、开发商、雇主，他们的目的是什么？（雇主）

　　（2）谁是客户、参观者或客人？他们的需要是什

（3）即将开始的方案的地理方位、社会地位角色是什么?

（4）餐馆的食谱与方案设计有怎么样的联系?

（5）我们想通过设计传达哪种信息?

二、餐饮空间设计的制约因素

（1）不同类型的餐饮空间，设计风格有很大的差异性。

（2）投资经费的多少，直接影响档次的定位。

（3）不同的地域位置及消费群体的考虑。

（4）餐饮空间建筑结构对设计的影响。

三、餐饮空间构思与创意的五种途径

（1）体现风格或流派。

（2）设计"主题餐厅"。

（3）运用高科技手段。

（4）餐饮与娱乐结合。

（5）经营的创意。

第三节 ///// 餐饮空间设计

一、餐饮空间设计原则

（1）餐厅的面积一般以1.85平方米每座计算，指标过小，会造成拥挤，指标过宽，易增加工作人员的劳作活动时间和精力。

（2）厨房和餐厅分布合理，平面布置应先考虑厨房和仓库。

（3）顾客就餐活动路线和供应路线应避免交叉。送饭菜和收碗碟出入也宜分开。

（4）中西餐室或不同地区的餐室应有相应的装饰风格。

（5）应有足够的绿化布置空间，尽可能利用绿化分隔空间，空间大小应多样化，并有利于保持不同餐区、餐位之间的不受干扰和私密性。

（6）室内色彩应明净，照度应根据空间性质适宜设置。

（7）选择耐污、耐磨、防滑和易于清洁的装饰材料。

（8）室内空间尺度适宜，通风舒畅，采光充分，吸声良好，阻燃达标，疏散通道畅通，标设明确，符

图8-2　走廊部分施工过程照片

合国家消防法规规定的要求。

设计要点

餐厅内部设计由其面积决定，那么对空间做最有效的利用尤为重要。

平面布局规划原则：使布局更加合理，使空间更加完善（图8-2～图8-5）。

图8-3

图8-4　前厅部分施工过程照片

图8-5　大厅部分效果图及施工过程照片

二、餐饮空间设计与人的行为心理

1. 边界效应与个人空间

人的三个心理需求：

（1）人喜欢观察空间、观察人，人有交往的心理需求，而在边界逗留，为人纵观全局、浏览整个场景提供了良好的视野。

（2）人在需要交往的同时，又需要有自己的个人空间领域，这个领域不希望被侵犯，而边界使个人空间领域有了庇护感。

（3）人在交往的同时，需要与他人保持一定距离，即人际距离。

2. 餐桌布置与人的行为心理

（1）在餐饮空间设计中，在划分空间时，应以垂直实体尽量围合出各种有边界的餐饮空间，使每个餐桌至少有一侧能依托于某个垂直实体，如窗、墙、隔断、靠背、花池、绿化、水体、栏杆、灯柱等，应尽量减少四面临空的餐桌。这是高质量的餐饮空间所共有的特征。

（2）餐桌布置既要有利于人的交往，又须与他人保持适当的人际距离（亲密距离、个人距离、社交距离、公共距离）。

餐厅空间设计的基本要求：

接待顾客和使顾客方便用餐。

三、餐饮空间光环境设计

1. 人工光环境

（1）类型：间接照明、直接照明。

（2）投照的方式：一般照明、局部照明、混合照明、装饰点缀。

2. 餐饮空间光的合适运用

（1）灯具的选择。

（2）光的强弱（餐桌上的照度300lx～750lx）、光源的位置、光的角度（图8-6～图8-8）。

图8-6

图8-7

图8-8　柔和舒适的餐饮空间环境

四、入口空间设计

1. 入口空间的作用与内容

（1）包括有入口门、入口门前的空间和门厅部分。

（2）入口空间是招徕顾客、引导人流的作用，需要有强烈的认知性和诱导性。

2. 入口空间的设计手法

（1）把入口空间作为交通枢纽。

（2）把入口空间作为视觉重点。

（3）把入口作为酝酿情绪的空间。

（4）把入口作为缓冲、停留空间。

（5）把入口空间的功能扩大化（图8-9）。

图8-9 个性有气势的入口空间设计

五、卫生间设计

1. 卫生间的平面布局

（1）卫生间的门要隐蔽、不能面对餐厅或厨房，其次要有一条通常的公共通道与其连接，引导顾客方便找到。

（2）卫生间的位置不能与备餐出口离得太近，以免与主要服务路线成交叉。

（3）大餐厅要考虑用厕距离和经由路线、多层应考虑分层设置卫生间。

（4）顾客用卫生间与工作人员卫生间尽可能分开。

2. 卫生间设计注意事项

（1）卫生间必须设计前室，通过墙或隔断将外面人的视线遮挡。

（2）注意卫生间镜子的折射角度问题。

（3）公共性强，应多采用蹲便，卫生保洁很重要。

（4）使用明窗或用机械通风保证卫生间的通风。

（5）必须设地漏，墙、地、洗面台都要用防水材料（图8-10）。

图8-10 个性的洗手盆台面设计

六、厨房设计要点

1．平面设计要点

（1）合理布置生产流线，要求主食、副食两个加工流线明确分开，从粗加工—热加工—备餐的流线要短捷通畅，避免迂回倒流，这是厨房平面布局的主流线，其余部分都从属于这一流线而布置。

（2）原材料供应路线接近主、副食粗加工间，远离成品并应有方便的进货入口。

（3）洁污分流：对原料与成品、生食与熟食，要分隔加工和存放。冷荤食品应单独设置带有前室的拼配间，前室中应配有洗手盆。垂直运输生食和熟食的食梯应分别设置，不得合用。加工中产生的废弃物要便于清理运走。

（4）工作人员须先更衣再进入各加工间，所以更衣室、洗手、浴厕间等应在厨房工作人员入口附近设置。厨师、服务员的出入口应与客人入口分开，并设在客人看不到的位置。服务员不应直接进入加工间端取食物，应通过备餐间传递食物（图8-11）。

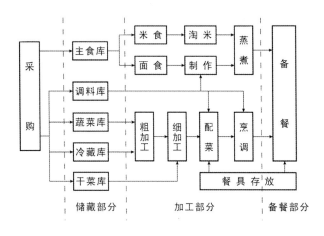

图8-11 厨房的构成及流程

2．厨房布局形式

（1）封闭式。

（2）半封闭式。

（3）开放式。

3．热加工间的通风与排风

（1）热加工间应争取双面开侧窗，以形成穿堂风。

（2）设天窗排气。

（3）设拔气道或机械排风。

（4）将烤烙间与蒸饭间单独分隔。

4．地面排水

明沟排水，地面要有5‰～1%的坡度，坡向明沟。厨房外污水出口处应设"除油井"。

七、餐厅的家具布置

餐桌的就餐人数应多样化，如2人桌、4人桌、6人桌、8人桌等。

餐桌布置应考虑布桌的形式美和中西方的不同习惯。如中餐常按桌位多少采取品字形、梅花形、方形、菱形、六角形等形式，西餐常采取长方形、"T"形、"U"形、"E"形、"口"字形等。自助餐的食品台常采用"V"形、"S"形、"C"形和椭圆形。

餐桌和通道布置的数据如下：

（1）服务走道900mm。

（2）桌子最小宽700mm。

（3）4人用方桌最小为900mm×900mm。

（4）4人用长方桌为1200mm×750mm。

（5）6人用长方桌（4人面对面坐，每边坐2人，两端各坐1人）1500mm×750mm；

6人用长方桌（6人面对面坐，每边坐3人）1800mm×750mm。

（6）8人用长方桌（6人面对面坐，每边坐3人，两端各坐1人）2300mm×750mm；

8人用长方桌（8人面对面坐，每边各坐4人）2400mm×750mm。

圆桌最小直径：

2人桌850mm；

4人桌1050mm；

6人桌1200mm；

8人桌1500mm；

餐桌高720mm，桌底下净空为600mm；

餐椅高440mm～450mm；

酒吧吧凳高750mm；

吧台高1050mm；

搁脚板高250mm。

第四节 ///// 案例赏析

项目名称：红樱日本料理（图8-12～图8-19）

位置：大连中山区

面积：450平方米

主材：地面——芝麻灰火烧板

墙面——爱克漆、壁纸

图8-13

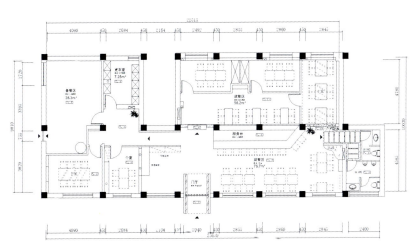

图8-12

图8-14 平面布置图

图8-17

图8-15 内部空间设计

图8-18 内部空间设计

图8-16

图8-19

项目名称：盈樱日本料理（图8-20～图8-29）

位置：大连星海国宝

面积：500平方米

主材：地面——理石、地板

  墙面——爱克漆、壁纸

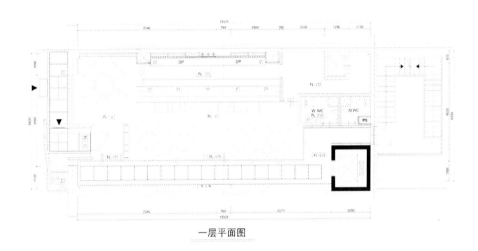

一层平面图

图8-20

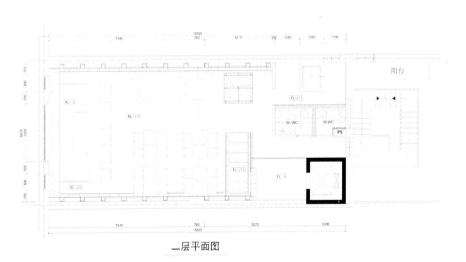

一层平面图

图8-21

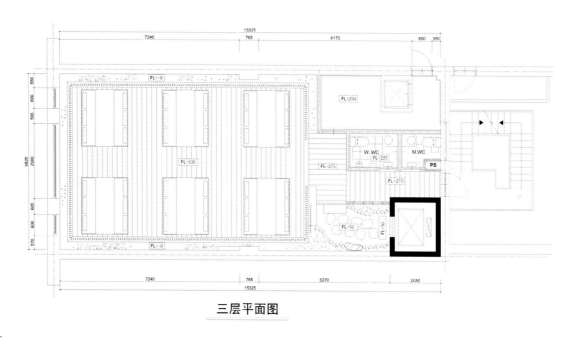

三层平面图

图8-22

四层平面图

图8-23

图8-24 内部空间设计效果表现图

图8-25 材料样本清单

8-26 材料样本清单

8-27 家具样本清单

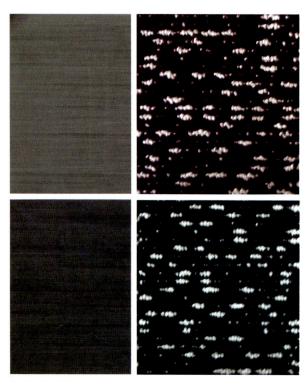

8-28 完工照片

材 料 说 明

编号	材料详细说明\颜色\规格	备注
cl-001	通路床、たたみ	
cl-002	硝子スクリーン：トーメイガラス上　グラデーションシ一貼り	
cl-003	品種：カーボガラス　クリスタルグリーン　呼び厚さ：5mm	
cl-003	壁：石貼り（割れ肌）壁（セリ窓）：石貼り（びしゃん）	
cl-004	カウンター腰、下がり天井立上がり：3角木リブ塗装（黒ツヤ無し）	
cl-005	エントランス床：石貼り（色柄）	
cl-006	トイレ前通路床：石貼り（色・柄）※錆部少なめにする ※防滑加工	
cl-007	床：カラーモルタル（材料）カラクリート ♯414 ※面はフロアーブライトを塗布しています	
cl-008	壁：クロス貼り C　丸型掘り込み壁：クロス貼り 1	
cl-009	カウンター（トップ）：フロストガラス　アイカ　品番 QR-2002　板厚 5MM	DPボックス：アクリル（エッジライト蛍光）
cl-009	トイレ洗面台トップ：フロストガラス	
cl-010	床：カーペット（材料）	
cl-011	硝子スクリーン：トーメイガラスシート貼り	
cl-012	各階：洗い出し（色）※玉石はサンプルよりかなり少なめにする	
cl-013	丸型掘り込み壁：クロス貼り 2	
cl-014	壁：クロス貼り D	
cl-015	壁：クロス貼り b	
cl-016	下がり天井：クロス貼り（色・素材感）	
cl-017	トイレ前下がり天井：クロス貼り	
cl-018		
cl-019		
cl-020		

8-29 完工照片

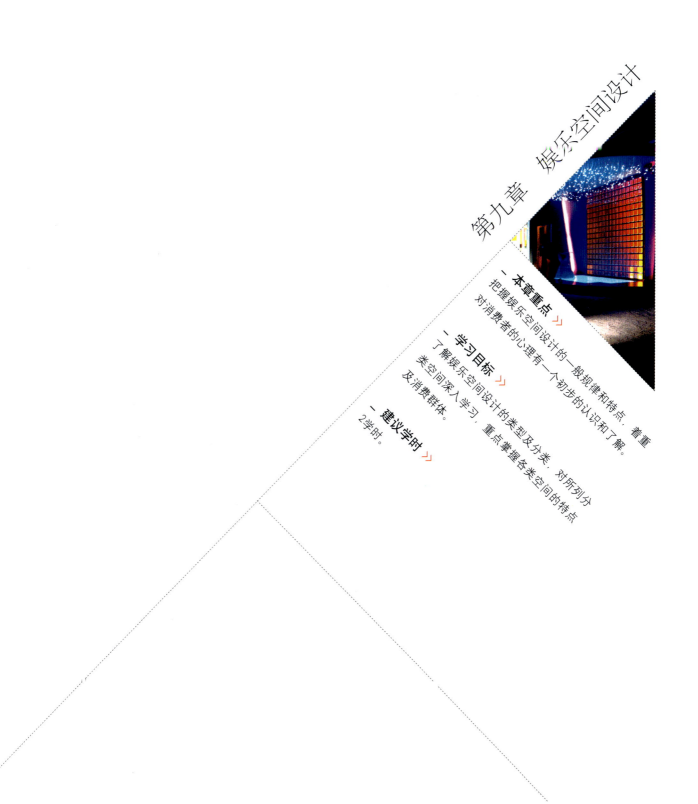

第九章 娱乐空间设计

■ 本章重点 》
把握娱乐空间设计的一般规律和特点，着重对消费者的心理有一个初步的认识和了解。

■ 学习目标 》
了解娱乐空间设计的类型及分类，对所列分类空间深入学习，重点掌握各类空间的特点及消费群体。

■ 建议学时 》
2学时。

第九章 娱乐空间设计

第一节 //// 娱乐空间设计类型

一、内部空间

（1）休闲型：酒吧、夜总会、KTV、桑拿浴等。

（2）运动型：游泳馆、保龄球馆、台球室、健身房等。

二、外部空间

主题公园、游乐场、海滨游泳浴场。

第二节 //// 娱乐空间设计分类

娱乐项目由很多不同类型模式组成，娱乐业从最早期的歌舞厅、夜总会式歌剧院、迪斯科舞厅、综合性酒吧、丽人SHOW吧，到今天的夜总会、量贩式KTV、娱乐会所、慢摇吧等，经历了一个漫长的过程。特别是在娱乐业不断成熟的今天，娱乐模式及消费群体的细分更加明显及专业化，所以在项目策划的时候必须首先要明确方向，确定娱乐的模式及不同的消费群体。因为它的功能、装饰风格、服务方式、经营理念都有着明显的区别，而前期的策划设计与以后的经营服务是分不开的，所以清楚地认识不同娱乐模式及区分不同的消费群体，有利于整个项目的总体策划。

（1）夜总会。

（2）娱乐会所。

（3）迪斯科舞厅。

（4）慢摇吧。

（5）演绎吧。

（6）KTV。

一、夜总会

夜总会常被人们形容为纸醉金迷，其娱乐模式为唱歌跳舞、饮酒、丽影相伴等。在这种模式下既要照顾二人世界的娱乐空间，也要考虑到集体的公共气氛。

消费的群体：

消费的群体主要是一些生意上的商务应酬或知己共餐的人，他们的消费大都有"千金散尽还复来"的气派，豪华高档的装饰硬件和体贴入微的服务软件是该模式的主要特征（图9-1～图9-8）。

图9-1 天花与地面造型相呼应有空间引导的作用

图9-2　酒柜的造型既实用且具丰富的细节

图9-4　大厅局部区域半封闭卡座增加私密性且增加空间层次

图9-3　不同区域材质及色彩的变化使空间更具活力

图9-5 服务台地面抬高成为空间中的亮点

图9-6 包房简洁、大方

图9-7 顶面洒满玫瑰花与墙面绿竹幻影相映成趣

图9-8 豪华高档的夜总会包间水晶吊链，绒面软包，艺术感较强的布艺沙发，金色的线条共同围合成一个高贵、典雅的空间效果

二、娱乐会所

娱乐会所除了常见的娱乐模式外，主要特征是更具有私密性。以接待为主，使顾客有一个典雅、安全、舒适的娱乐环境，体现出顾客的尊贵身份。

消费的群体：

到该场所的顾客非富则贵，追求高档、优雅的环境，希望得到无微不至的服务及帝王般的享受（图9-9～图9-18）。

图9-9　会客、宴请整洁且不烦琐，大气不拘泥风格　　　　　　图9-10　幽雅的环境体现休闲会所的特点

图9-11　发光地面造型丰富空间设计细节

图9-12　服务台及整体空间结构感强、材质丰富、色彩亮丽　　　　图9-13

图9-14　不同材质及灯光的搭配和谐且丰满

图9-16　流动的天花造型与蓝色的地坪漆地面构成海的氛围

图9-15　发光的面光灯箱、墙面的灯带有构成的意味，呈现出不同灯光照明应用手段

图9-17　进口的马赛克肌理墙面、绒毛地毯呈现材质的多样与空间的高档次

图9-18 帆船造型、船舱玻璃窗、海底礁石等形象语言的应用，使空间增加更多的象征意味及主题的呈现

三、迪斯科舞厅

劲歌热舞、激情四溢是迪斯科的写照；音响强劲、集体共舞、狂欢豪饮是迪斯科的娱乐模式。以舞池为中心，DJ及领舞为主持，带动全场气氛，让人们共同创造出热烈的氛围。

消费的群体：

大多数以年轻人为主，他们主要是为了感受热烈气氛及抒发内心情感，以高度的兴奋刺激来消除精神上的疲劳。但他们的消费能力有限，所以对场所的装饰更重视灯光和音响的效果（图9-19）。

四、慢摇吧

慢摇吧是一种全新理念的酒吧，它有效地将潮流音乐与酒吧文化融为一体。

它根据人的娱乐心理需求设计出一套以音乐、灯光加美酒的模式，让人们逐渐达到亢奋的状态。开始时以较为明亮的灯光、节奏较慢的音乐，让人们心情放松，聊天饮酒，然后随着时间的推移，音乐节奏逐步加强，灯光逐步调暗，加上DJ及领舞者的鼓动，使人逐步达到兴奋的状态，然后随音乐起舞，找寻HIGH的感

图9-19 梦幻刺激的迪斯科舞厅

觉。在一些经营成功的慢摇吧，你可看到千姿百态的舞姿。晨操，人们为的是锻炼身体；而慢摇吧内看到的则是晚操，在"闻乐起舞"的同时，达到运动身体、放松心情的作用。

消费的群体：

通常到慢摇吧消费的客人主要是时尚的白领阶层、年轻的老板们，他们都带着晚归的心态，在热闹的气氛中放松心情（图9-20～图9-23）。

慢摇吧与迪斯科舞厅的区别：

慢摇吧音乐节奏的循序渐进，让人们有一个从平静到兴奋的心理过程。再者，由于慢摇吧的定位比迪斯科舞厅要高，因此客源的素质及消费相对也比迪斯科要高。虽然都是在同一节拍下，但人们各自展示不同的舞姿，不一定只是在舞池，就在座位边也跟着节拍起舞。

慢摇吧的三大要素：

（1）视听效果与音乐风格；

（2）品牌酒水与热情吧女；

（3）暧昧环境与适度放纵。

慢摇吧的分类：

①典型慢摇吧，音乐与整个酒吧融为一体，客人可以在座位附近跳舞；

②设置小舞台（池）并带有表演、领舞类。客人

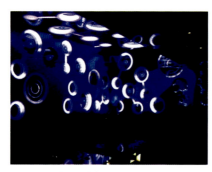

图9-20　DJ台及升降舞台

图9-22　慢摇吧LED屏幕

图9-21　慢摇吧大厅DJ台

图9-23　慢摇吧包间

可以边喝酒边欣赏，也可以随时参与各种活动；

③座位区与舞区相互独立的互动模式，属静中有动，动中可静。客人可随时跳舞，也可静静地在一旁喝酒聊天。

慢摇吧音乐风格：

慢摇的音乐风格是多样化、风格化的，随意性比较强，在曲调空隙间留给他人有想象的空间，注重现场气氛的释放。以HIP-HOP、HOUSE、R&B为主，其间也有串烧DISCO出现。慢摇吧的灵魂是现场DJ，最吸引人的音乐是属欲擒故纵的风格音乐，完全由DJ制造气氛（这种气氛的大意是：用音乐把人推向高潮，又一下子拉你进低谷，然后又推着你继续走）。

慢摇吧区域划分：

喝酒区域：这是一个静中有"动"的区域，音乐在此区域的要求是应让客人坐着喝酒听音乐是一种享受，此区域对声音要求是耐听（不噪、不烦、不闷），音乐节奏及声压能吸引喝酒的客人有跳舞的冲动。

跳舞区域：进入舞区客人需要的是一种听觉与触觉享受，主扩声集中在这个区域，因此，这个区域的声音要求需完全满足慢摇风格，并接近DISCO需求。电子类的音乐扩声后的声音效果应浑厚、弹性十足、节奏强烈、层次分明。在经营的某种特殊要求下，可以将扩声转变成DISCO风格，将低频频点及声压改变，使声音达到凶猛、硬朗及力度十足的DISCO风格要求。

慢摇吧视听（灯光音响）风格：

灯光效果以LED、光纤等为背景基础光，电脑灯、换色灯及部分电脑效果灯为主光，色彩鲜而不耀，华丽而不夸张，配合慢摇音乐风格节奏同步设定。

慢摇吧的声音重现要求高，而且有独特的风格，以满足消费群体的听觉特性。高中低频段层次清晰分明，扩声均匀，中高不刺，温暖柔和。低频富有弹性和丰满度，而且力度适中。

慢摇吧为什么会流行？

音乐前卫及反叛，风格迎合当地音乐文化及现代人生存心理；

时尚、刺激、有情调、氛围好。

五、演绎吧

在酒吧中兼带有二三人的小型表演，使歌手与客人打成一片。听歌、饮酒、娱乐同时进行，这类酒吧称之为演绎吧。

消费的群体：

消费者主要以朋友聚会饮酒、情侣约会为主（图9-24）。

六、KTV

以唱歌为主的娱乐，对唱歌的音响要求较高。它一般按小时算房租，酒类小吃可在场内超市平价采购，免费或平价提供餐点，相对消费较实惠。

消费的群体：

消费客源以白领工薪族、家庭、同学聚会、生日PARTY为主，装饰讲究干净、实用、灯光明亮（图9-25～图9-31）。

图9-25 男卫小便器独立的分区，墙壁上安装液晶电视是流行的做法

图9-24 静谧的空间环境，不夸张、不烦乱

图9-26 使用白钢的门套更清洁、更实用

图9-28　特殊造型的服务台

图9-30　不同区域色调的不同给人不同的心理感受

图9-27　小包内部也应完善其使用需要，如衣挂

图9-29　楼梯墙面的造型设计及地面的灯光设计起到引导作用，体现设计的细节

图9-31　干净，整洁是量贩式KTV的特点

量贩式KTV与普通KTV差异对照：

1．量贩式KTV

营业时间：基本上24小时营业。

基本情况：装修舒适，音响效果一流。

计费方式：采用小时和分钟计费。

价格方面：包厢按时段计费，不同时段价格差异明显，非节假日和白天的价格非常优惠。

最低消费：不设最低消费和人头费。

服务方式：包厢不设专职服务员，采用自助服务。

酒水供应：附设便利超市，酒水小点几乎平价供应。

营业规模：规模化经营，一般拥有几十个甚至上百个大小包厢。

服务对象：消费人员涵盖商务消费人群和普通消费者。

附加服务：多数提供免费餐饮等附加服务，中餐和晚餐可一并在内解决。

其他方面：突出安全、健康和自助式的时尚概念。

2．普通KTV

营业时间：一般只有晚上营业，营业时间不超过次日两点。

基本情况：良莠不齐，好差均有可能。

计费方式：价格与消费时间长短无关。

价格方面：按包厢大小计费，价格一般固定。

最低消费：设有最低消费和人头费。

服务方式：包厢设有专职的服务人员。

酒水供应：不设超市，酒水小点价格高昂。

营业规模：包厢数量多少不定。

服务对象：多为商务消费人群。

附加服务：不提供免费餐饮等附加服务。

其他方面：没有安全、健康和自助式的概念。

第三节 ///// 案例赏析

案例1

项目名称：0411慢摇俱乐部（图9-32~图9-44）

位置：大连开发区

面积：850平方米

主材：地面——理石、地板

墙面——LED、光纤、镜面、软包

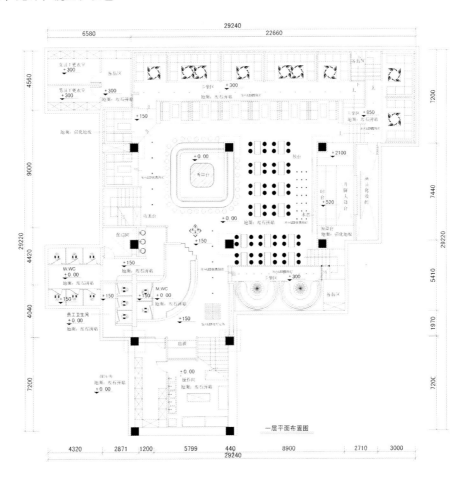

图9-32 一层平面布置图

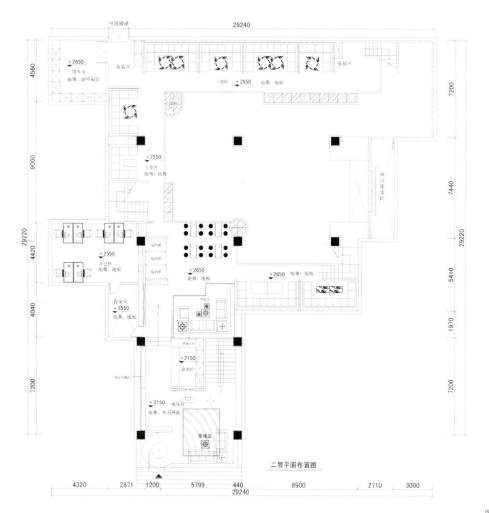

图9-33　二层平面布置图

图9-34

图9-35

图9-36

图9-37

图9-38 前厅、一层、大厅、门头、迎宾接待区效果表现方案

图9-39

图9-40

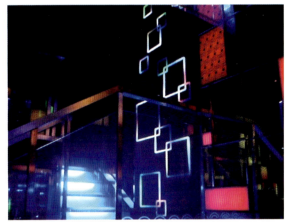

图9-41

图9-42

图9-43

图9-44 局部空间照片

案例2

项目名称：NOEL诺爱日式会员制俱乐部（图9-45～图9-66）

位置：大连中山区人民路

面积：1200平方米

主材：地面——理石、地毯

　　　墙面——LED、光纤、镜面、软包

设计说明：

舞动色彩和灯光的世界——诺爱酒吧。

本案以灯光营造酒吧空间的氛围，以玻璃及金属显映神秘的气氛，以变化的色彩筑成变换的空间。

光纤及大量LED光源构成整个酒吧的照明，幽幽灯光氛围浓烈；玻璃及金属的大量应用，映射出柔美、神秘的变换画面，气氛由此而生；色彩的视觉作用得到充分的体现，静态空间+动态色彩构成丰富而有变换和层次的空间。

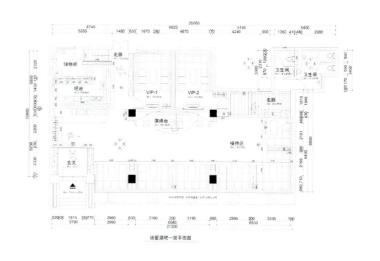

图9-45 一层平面天花布置图

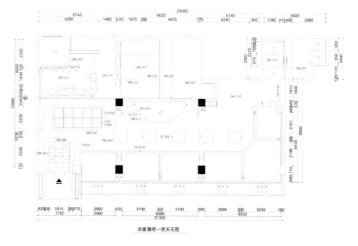

图9-46 天花布置图

图9-47　外立面、门头效果表现方案

图9-48　门头实景照片

图9-49　室外灯箱效果表现及实际照片

图9-50　吧台效果表现方案

图9-51

图9-52

图9-53 吧台实际照片

图9-54 前厅效果表现方案

图9-56 前厅实际照片

图9-55 走廊效果表现方案

图9-57 走廊实际照片

图9-58

图9-60 卡座、大厅、演绎台效果表现方案

图9-59 演绎台、大厅、演绎台局部、吧台局部实际照片

图9-61

图9-62

图9-63

图9-64

图9-65

图9-66 包间实际照片

案例3

项目名称：伊人CLUB日式俱乐部（图9-67~图9-76）

位置：大连中山区

面积：320平方米

主材：地面——黑金沙理石

　　　墙面——肌理漆、壁纸

　　　天花——银镜、黑镜

设计说明：

本案以日式折扇为符号元素，通过不同材质的演绎，以尽空间内敛含蓄之视觉特征。整案设计力求在空间及色调上给人充分的感官享受，色彩及灯光的变化运用更是本案一大亮点，张扬且不拘一格。

图9-68　原始平面图及原现场照片

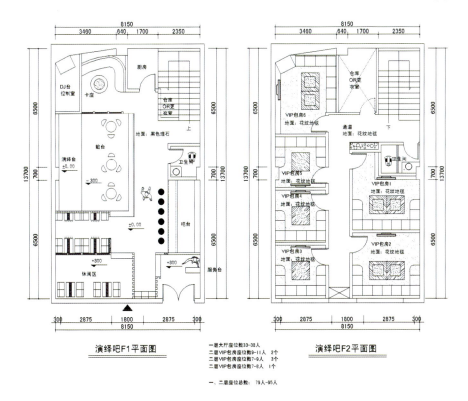

演绎吧F1平面图　　　　演绎吧F2平面图

一层大厅座位数33-38人
二层VIP包房座位数9-11人　2个
二层VIP包房座位数7-9人　3个
二层VIP包房座位数7-8人　1个

一、二层座位总数：79人-95人

图9-67

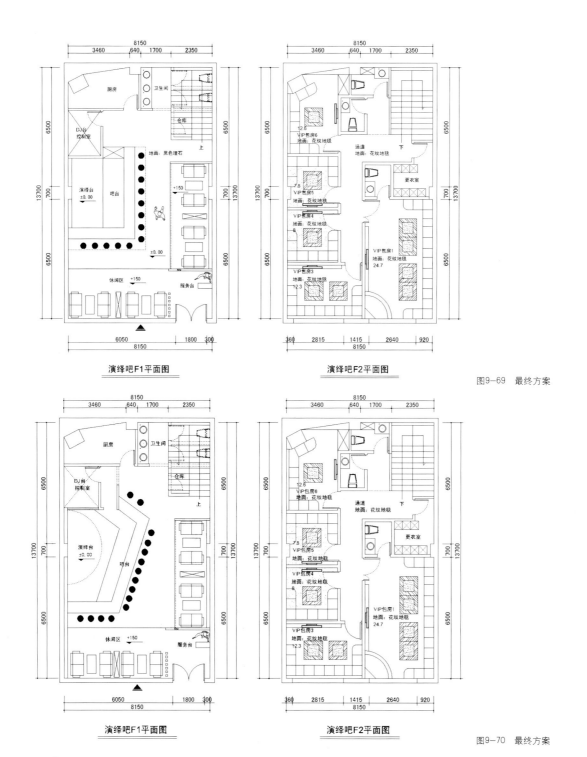

演绎吧F1平面图   演绎吧F2平面图

图9-69 最终方案

演绎吧F1平面图   演绎吧F2平面图

图9-70 最终方案

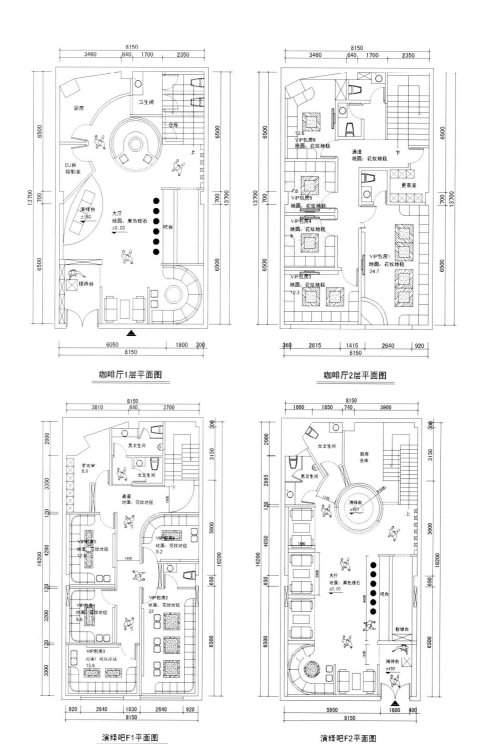

图9-71 最终方案

咖啡厅1层平面图

咖啡厅2层平面图

图9-72 最终方案

演绎吧F1平面图

演绎吧F2平面图

图9-73　大厅1、吧台、大厅2、门头、包间效果表现方案

图9-74 门头、走廊施工过程及最终效果对比照片

图9-75 内部各空间实景照片

图9-76 扇面造型不同材质的变现与应用

[复习参考题]
◎ 娱乐空间设计可以分为哪几类?
◎ 简述普通KTV与量贩式KTV的区别。

第十章 休闲空间设计

本章重点 》

对休闲空间的组织、分隔规律有一定认识，并掌握功能与审美的合理结合规律。

学习目标 》

了解休闲空间设计的分类，对所列分类空间深入学习，重点掌握各空间的设计要点。

建议学时 》

2学时。

第十章 休闲空间设计

第一节 //// 休闲空间设计分类

一、桑拿洗浴中心

桑拿又称芬兰浴，是指在封闭的小房间内用加热的湿空气对人体进行理疗的过程。通常桑拿室内温度可以达到90℃以上。桑拿起源于芬兰，有两千年以上的历史。利用对全身反复干蒸冲洗的冷热刺激，使血管反复扩张及收缩，能增强血管弹性、预防血管硬化的效果。对关节炎、腰背肌肉疼痛、支气管炎、神经衰弱等都有一定保健功效。

以桑拿洗浴为代表的服务业在中国迅猛发展，并逐渐成为一种新兴产业，洗桑拿逐渐成为都市人缓解精神压力的一种有效方式。

桑拿发展至今已有泰式、韩式、港式、日式、中式等多种方式。桑拿房分为酒店类VIP房、商用桑拿房、美容桑拿房、常用桑拿房等类型。桑拿方式包括干蒸和湿蒸两种。桑拿房根据规模大小一般有1人型至18人型等多种规格。

1. 干蒸

是一种高温、低湿度的沐浴方式，主要是通过电子抽湿、撒药，用经特殊工艺精制过的桑拿木板（白松木、桦木）做房体，以金属炉体通过电热丝将覆盖在炉体上面的特殊专用矿石加热，使其散发出各种对人体有利的矿物质元素，房内的高温促使人体排出多余的油脂、毒素，使用后使人减肥排毒，身心舒畅。

2. 湿蒸

是一种低温、高湿度的沐浴方式，房体是由一种对人体无毒、无害的生物复合材料制成，俗称"亚克力板材"，学名"聚甲基丙烯酸甲酯"。主要采用水蒸气设备进行加温、加湿，使用后能使人松弛神经、减肥美容。

完善的洗浴区除配有干蒸、湿蒸房外，还应配有热水、温水、冰水三种不同水温的水力按摩浴池。

桑拿洗浴中心一般设有接待大厅、更衣室、洗浴区、淋浴区、休息大厅、按摩房、美容美发、健身房等功能区域，不同功能区空间设计应有各自的特点。

3. 注意事项

（1）接待大厅的设计应艺术性强，体现休闲性特点；休息大厅的设计应温馨、雅致，光线柔和。

（2）按摩房的设计应体现多样化的风格，每个房间不能千篇一律，要给客人每次不同的心理感受。

（3）更衣室应根据规模大小设置有足够的更衣柜，每个更衣柜应设置有存衣处和存鞋处两个部分；淋浴房各间应相互隔离，并配有冷热双喷头及浴帘。

（4）按摩房、休息大厅地面及墙面可以分别选用地毯或木地板等软性地面装饰材料和墙纸等艺术性墙面装饰材料。桑拿洗浴区地面材料适合满铺经过防滑处理的大理石、花岗岩或地砖，因为湿气大，墙面也应以防潮的石材和墙砖为主要装修材料。

（5）桑拿洗浴区因潮湿大，吊顶适宜采用防腐、防潮的装饰材料，如铝合金扣板、轻钢龙骨硅钙板、经过特殊工艺处理的板材等。纸面石膏板和普通木饰面材料，因为怕潮，不适合用在洗浴区，但可用于接待和休息大厅、按摩房等。

（6）桑拿浴室的灯光应柔和。水池区顶部照明宜采用防水型节能筒灯，防护等级为IPX4，干蒸房、湿蒸房属高温潮湿场所，防护等级应达到

IPX5。线路应采用阻燃型聚氯乙烯绝缘电线，穿金属管顶棚内铺设。

（7）在封闭楼梯间前室、电梯前室、疏散走道、休息大厅及水池区均应设置火灾事故应急照明；在疏散走道及主要疏散路线设置发光疏散指示标志，走道指示标志间距不大于20m。

（8）桑拿浴室的通风装置非常重要，其好坏直接关系到桑拿的效果直至顾客的生命安全，因此，桑拿浴室的空调系统必须完善，运转正常，以确保浴室内始终处于正常的温度与湿度（图10-1～图10-3）。

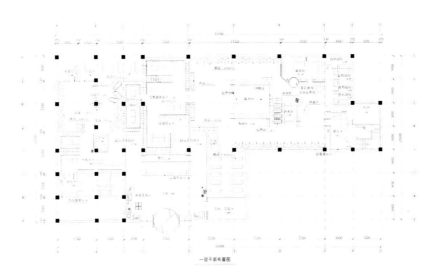

图10-1 某洗浴中心完整平面布置规划方案

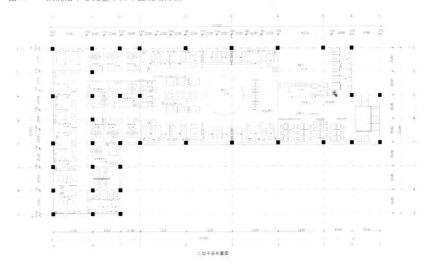

图10-2 某洗浴中心完整平面布置规划方案

图10-3 某洗浴中心内部空间装饰效果

二、美容、美发

美容、美发主要以人的形象设计为主要内容，通常有美容院、美发店、美容美发厅等不同类型的经营模式，满足不同顾客的需要。

1. 美发店

美发店主要以剪发、洗发、染发、烫发等为主要服务功能，主要功能分区有理发区、洗发区、烫染区、休息等候区、收银区、洗手间等。

设计要点：

（1）美发店的设计在风格上多追求个性与另类，如天花板的设计，故意露出水管、电线，并装上艺术感较强的灯饰，以体现裸露的粗犷风格，既体现效果，又节约成本。

（2）用充满生机的绿色植物点缀空间，营造清新、优雅的环境氛围，是美发店常用的设计手法。

（3）理发区是美发店装饰装修的重中之重，在保证干净整洁的基础上，可以利用镜子、理发工作台等独特的设计来增添特色，打破传统的四方形形状，有个性化的镜形和镜子四周的墙壁设计及理发工作台设计可以让顾客留下深刻的印象。

（4）在电器线路设计方面应特别注意满足烫发、染发、吹发多插座的需要（图10-4）。

图10-4 美发店内部空间装饰效果

2．美容店

随着人们生活水平的提高，美容店的发展在今天日趋普遍。美容院主要以美容、美体为主要功能，主要功能区有接待及收银台、休息等候区、美容室、美体室、淋浴房、洗手间等。

设计要点：

（1）美容院的设计应特别注意氛围、情调的营造，在一个简单古朴的房间里做美容是没有什么感觉的。而柔和的灯光、精致的装修、个性化的陈设、轻柔的背景音乐能使顾客精神放松、心情愉悦。

（2）美容院的设计应特别注意色调的把握。很多美容院都把生意不好归结于管理、产品、服务和人气等原因。其实，美容院的色调感觉也会影响生意的成败。冷色调的氛围会令人压抑，使顾客在心理上产生抗拒感，必然不会成为长期忠实的顾客。暖色调令人平和舒缓，但如过多使用暖色中明度和纯度较高的色彩，也会使顾客产生不适感。暖色中的浅色调，如粉红、粉橙、粉绿色、粉蓝等粉色调系列，能使人感到亲切和温馨，比较适合美容院的环境。

（3）美容院除前台或咨询厅光线宜充足外，美容、美体区光线应柔和，以间接照明为主，少用或不用直接照明，不能给顾客有刺眼的感觉。

（4）美容、美体属于个体服务，可以灵活运用隔断或屏风、垂帘，尽量为顾客创造相对私密性的空间（图10-5、图10-6）。

图10-5

图10-6

第二节 ///// 案例赏析（图10-7～图10-10）

图10-7 此设计注重美容院的氛围，情调的营造，柔和的灯光，个性化的陈设，使顾客精神放松。

图10-8 此设计灵活地运用线的视觉形象要素，用充满生机的色调，营造清新、优雅的环境。

图10-9 此设计在风格上追求个性，在天花板上装上艺术感较强的灯饰，体现粗犷风格。

图10-10 该设计利用镜子独特的设计，既起到隔断、屏风的作用，又给顾客留下深刻印象。

[复习参考题]
◎ 桑拿洗浴中心一般设有哪些功能区域？
◎ 美发店主要提供哪些服务功能？

后记 >>

商业空间无论是设计内容还是设计的范围都是相对较大、较广的一门综合学科，随着社会不断地发展进步，商业空间也在经历着划时代的变革。主要体现在空间形式的多样化、装饰风格的多元化、设计过程的系统化、复杂化、专业化，设计范围的扩大化上。

本书编写理论新颖，内容组织完整，理论知识联系实际案例，从商业空间的发展出发，讲述商业空间的构成、分类与特征、发展趋势，详细介绍了商业空间设计的基础内容和相关知识、设计要求、设计程序，重点讲述环境设计、色彩设计在商业空间设计中的作用、原则，以及商业卖场空间设计、酒店空间设计、餐饮空间设计、娱乐空间设计、休闲空间设计五个专题板块引导学生认识和掌握商业空间设计的相关知识，并结合大量工程案例详细解读方案过程及最终完成效果。

本书从理论和实际案例的选择上都注重捕捉最适用和最前沿的案例，以期做到深入浅出、图文并茂，然而在编写过程中，深感该领域的宽广精深以及自己学识有限，加之时间紧，常有力不从心之感，但在诸多同仁的鼓励下及辽宁美术出版社的大力支持与帮助下最终成稿。

本书的出版得到了辽宁美术出版社苍晓东老师及大连工业大学艺术与信息工程学院院长李禹老师的全力支持与帮助；也凝结了许多同仁的辛勤劳动和智慧，本书借鉴了他们在本领域的探索和研究成果，并参考了大量著作文献；本书也采用了美国室内中文网等设计网站中的部分资料，在此一并表示诚挚的谢意；此外，周海涛、闫湘之等同事及郭佳、董淑婷等同学也为本书提供了部分设计案例及文字整理，在此一并致以谢忱。感谢所有在本书编写过程中给予帮助和支持的朋友们。

本书难免有不足与疏漏，希望专家学者和广大读者批评指正并提出宝贵意见，希望本书能对从事该领域学习研究的人士、在校学生有所帮助！

编者

2009年6月

参考书目 >>

[1] 张绮曼，郑曙旸．室内设计资料集．中国建筑工业出版社，1993

[2] 郭立群．商业空间设计．武汉：华中科技大学出版社，2008.2

[3] 周莉，袁樵．餐馆照明．上海：复旦大学出版社，2004.7

[4] 鲁睿．商业空间设计．北京：知识产权出版社，2005.11

[5] 周昕涛．商业空间设计．上海：上海人民美术出版社，2006.1

[6] 符远．展示设计．北京：高等教育出版社，2003.8 (2006重印)

[7] 郑成标．室内设计师专业实践手册．北京：中国计划出版社，2005.5

[8] 孙逸增，汪丽芬译．室内装饰手法．沈阳：辽宁科学技术出版社，2000.10

[9] 田鲁．光环境设计．长沙：湖南大学出版社，2006.7

[10] 张志颖．商业空间设计．长沙：中南大学出版社，2007.8

[11] 周长亮，李远．商业空间设计．北京：中国电力出版社，2008

[12] 隋良志，刘锦子．建筑与装饰材料．天津：天津大学出版社，2008.9

[13] 田原，杨冬丹．环境艺术装饰材料设计与应用．北京：中国电力出版社，2009

[14] 李泰山．环境艺术专题空间设计．南宁：广西美术出版社，2007.6